红尘中的幻象

吴九箴/著

华夏出版社
HUAXIA PUBLISHING HOUSE

图书在版编目（CIP）数据

红尘中的幻象/吴九箴著.—北京：华夏出版社，2015.7
ISBN 978-7-5080-8401-5

Ⅰ.①红… Ⅱ.①吴… Ⅲ.①人生哲学-通俗读物
Ⅳ.①B821-49

中国版本图书馆CIP数据核字（2015）第054728号

本书经作者吴九箴与台湾松果体智慧整合行销有限公司授权，同意在北京麦士达版权代理有限公司代理下，由华夏出版社出版发行中文简体字版本。非经书面同意，不得以任何形式任意重制、转载。

版权所有，翻印必究。
北京市版权局著作权合同登记号：图字01-2011-0756

红尘中的幻象

作　　者	吴九箴
责任编辑	梅　子
出版发行	华夏出版社
经　　销	新华书店
印　　刷	三河市少明印务有限公司
装　　订	三河市少明印务有限公司
版　　次	2015年7月北京第1版 2015年7月北京第1次印刷
开　　本	880×1230　1/32开
印　　张	8
字　　数	98千字
定　　价	33.00元

华夏出版社　地址：北京市东直门外香河园北里4号　邮编：100028
网址：www.hxph.com.cn　电话：(010)64663331（转）
若发现本版图书有印装质量问题，请与我社营销中心联系调换。

目 录

自　序
　　世间最恐怖的不是欠债,而是欠智慧　/ 1

第一篇　债不是债,债是你无知的结果

　　当佛陀也要缴信用卡债　/ 3
　　没有智慧的人,才会欠债　/ 9
　　是什么东西,让我们看不清因果?　/ 15
　　债是假的,因果才是真的　/ 24
　　人没有智慧,债就无所不在　/ 33

第二篇　忧郁症,其实是进入涅槃的门票

　　佛法是免费的止痛药?　/ 43

◎ 红尘中的幻象 ◎

佛教是最古老的诈骗集团？ / 54

黑白无常会出来逛大街？ / 63

蜜月效应原是梦幻泡影 / 74

喝了一百杯水还是渴的人 / 90

白斑是一封来自无常的挂号信 / 96

忧郁症,其实是进入涅槃的门票 / 104

佛,其实一直躲在我们体内 / 117

没有慈悲心的出家人？ / 133

先学会做人,再谈成佛 / 137

第三篇　你我都只是万丈红尘中的幻象

天不从人愿,才是公平的 / 147

金刚经说,人生只是一场游戏 / 154

其实,孤苦克不见得不好 / 165

再让我轮回五百世,仍要爱你 / 172

各安天命,就是做善事 / 178

◎ 红尘中的幻象 ◎

其实，你每天都在写来世的剧本 / 184

神鬼魔，都是真实不虚的 / 195

烦恼是风，人是草 / 207

你以为"你"真的存在？ / 216

活着解脱，求人不如求己 / 226

每天，都要觉醒地活着 / 235

◎ 红尘中的幻象 ◎

自 序

世间最恐怖的不是欠债，而是欠智慧

可怜之人，必有可恨之处。

谈到欠债，可以将世间的人分成三种：有智慧的人，不会做傻事，自然就不会有欠债；稍有智慧的人，可能会不小心欠债一两次，但等吃尽苦头，自然就会脱离欠债生涯；完全没有智慧的人，才会以债养债，然后自欺欺人地认为，他的债务永远不会爆开来，有一天自然会消失。

其实，欠债也不见得是件坏事，我个人认为欠债这回事倒是人世间最好的功课，它可以让人跌入地狱，也

◎ 红尘中的幻象 ◎

可以让人学习睁开心眼去看因果，体验因果的强大力量。每一个从债务地狱爬回来的人，必然都增长了不少智慧。

然而，欠债是件好事这个说法，一旦遇到没有智慧的人——不管吃了多少苦头，仍不觉醒过来认真还债，就会变质。这时，欠债就是件可悲的事。

听说，台湾这几年欠卡债的人可能高达上百万，因为被逼债而自杀的人也不少。事实上，我自己也曾负债过，我完全能体会负债时的压力及痛苦，那简直就像在无间地狱，每分每秒都躺在刀山上，任凭焦虑之火在体内燃烧；地狱，其实不远，就在我们的脑子里。因此，也不难想象为何有人会选择自杀这条路。然而，我想说的是，真正逼人去自杀的，绝不是债务本身，而是当事人的绝望和恐惧。

人是很奇怪的动物，需要用希望来充当麻醉剂或止痛剂，没有了希望，所有的恐惧和苦痛就会一拥而上，

◎ 红尘中的幻象 ◎

再勇敢再坚强的人，也要跪地求饶。

人是会因绝望而自杀的动物，绝望的来源，不仅仅是欠债，也可能是疾病，或是卡在什么难关上太久，怎么都过不了。

然而，大家都忽略了一个事实，那就是债或难关这个东西，大部分都需要各种因缘聚合才能结成果实，并非一瞬间忽然跑出一堆债务来（亲人过世后不懂得抛弃继承权，则另当别论）。就像一座山的出现，也需要大陆板块移动或土石堆积，经年累月才能成为一座山。这一切都和债一样，需要有起因和过程，这些条件都具备了，才会形成后来的果。

因此，如果有人过度消费欠下卡债，而责怪政府或银行管理不当，这并不是解决问题的办法。因为是你自己种下因，然后长期灌溉施肥，债这棵树才能长得这么大，甚至大到你自己都觉得不可思议的地步。

总之，话说回来，你之所以会欠债，是因为你的无

◎ 红尘中的幻象 ◎

知和放纵贪欲的结果。欠了钱不可怕，最可怕的是欠智慧——欠缺一种可以看穿事物表象直透本质的智慧，一种洞悉因果法则的智慧。如果智慧一直不增长，即使你还清了卡债，仍会继续欠债，或许不是卡债而是其他的负债！

从佛法的角度看，欠债不可怕，欠智慧最可怕。

大家都以为那些自称修行者或佛教徒的人，是很有智慧的，然而可悲的是，新闻却经常报道信奉佛教不杀生的善男信女们，花大钱买了些鸟鱼龟放生后，商人们再把它们抓回来，等待下一次的放生仪式。这不但破坏生态，也让这些可怜的生命再度受折磨。每次一想到这个现象，我就想不通那些善男信女们学佛的智慧究竟学到哪里去了？

再者，我有很多朋友，只要是失恋或破产或运势不顺，就想到深山的寺庙中出家，好像佛法是专治痛苦的特效药。平时在红尘间不修佛法，而一定要到深山里

◎ 红尘中的幻象 ◎

修，难道躲到寺庙中就不会有烦恼了？到底佛法是麻醉剂还是止痛剂？佛法只能在深山或寺庙里修行吗？

也曾看过很多人为了学佛，弃一家老少于不顾，每天都跑到寺庙里念经或参加法会，当他们拼命地念经或拜佛时，他们的小孩或许正在饿肚子，或许正在飙车砍人，而他们却不会知道。

全台湾不知道有多少人在学佛拜佛，但我实在不知道到底有多少人了解真正的佛法是什么？到底有多少人真正得到了智慧？

有一位朋友学佛拜佛前后近十年，虔诚的不得了，最近却因为家中婆媳不和与投资失败，痛苦得睡不着觉，差点得了忧郁症。

更离谱更荒谬的是，有个很热衷佛法的朋友，某次神情亢奋地对我说他最近拜入一位法师门下，而且在法师的弘法机构里当上了干部。

据他说，全世界只有他的导师才是真正的开悟者，

◎ 红尘中的幻象 ◎

他自己感觉很幸运,可以遇到这位法师,他也希望我们一起加入供养这位法师。

我听到这里,忽然有一种错觉,好像我眼前的是一位直销体系的推销员,拼命要我们加入他的下线一样。当时,我真的想问他,为何别人开悟都是假的,只有他的导师是真的?别人的开悟无法印证,他的导师又如何能被印证是真的开悟呢?

但我看他两眼圆睁,口沫横飞,处于情绪亢奋的状态中,也就不多问了。

甚至,我有一位在某大佛教机构里当干部的朋友说,在机构里,师兄师姐间也在搞斗争,彼此互打小报告,甚至在佛堂前当众开骂。这样的现象,我真想不通他们学佛的意义在哪里?如果佛陀仍在世,是否也会对他们开骂?

上述各种学佛修佛的怪现象愈来愈多,终于我忍不住想写这本书,想问问大家:难道佛法是专供人们逃避

◎ 红尘中的幻象 ◎

痛苦而存在的吗？难道佛法只能在深山或寺庙或法会里，才算佛法吗？佛法为何不能被运用到现实生活里，解决我们的现实问题呢？

因此，我想用这个假设的主题：当佛陀也欠信用卡债，来告诉大家，佛法本来就在现实生活的每一分每一刻里，佛法从来就没有离开过这个俗世，没有烦恼，就没有菩提（智慧），没有忧郁，就找不到涅槃的方位。真正想修佛的人，应该勇敢面对现实生活中所有的困境和挑战，把自己该负的责任完成，不停地在挫败和无常中，唤醒自己的智慧。先学会做人，再来谈成佛，而不是一定要剃光头或敲木鱼念经，或是去做一些放生行为，才叫修佛、学佛，否则一切都只是挂着招牌让自己心安的无聊行为罢了！

人是很容易自欺欺人的动物，很多学佛的人，顶多也只是用佛法来包装自己或催眠自己，根本称不上是真正的修行者。我曾认识一位很有名的师傅，在应酬场合

◎ 红尘中的幻象 ◎

一样和人家大开黄腔,后来听说他到处调头寸,没过多久就跳票了。至今我仍想不通法师为什么要调头寸?难道支票也能用来弘法吗?

其实,修佛重在修心,不需要用外在的东西来包装、来自欺欺人。然而,整个社会处处可见这种荒谬的现象,似乎大家都在说:佛陀是远离世人的,佛法是超乎世间的,是遥不可及的,是我们俗人无法修行的。佛法的智慧,只有在庙里或法师身上才看得到,其他凡人都是低等无知的。

就是因为这些谬论、这些误解的存在,我们这个社会才会有愈来愈多的人,没有智慧去面对和处理现实生活中的种种困境;也因为这些荒谬现象的存在,我才立志要写这本书。我要告诉大家:佛陀曾经也是人,他也是经历了人生阶段,才到佛的境界。

因此,佛陀也可能欠信用卡债,佛陀也可能和我们一样要缴房贷,要筹孩子的学费和营养午餐费,也和我

◎ 红尘中的幻象 ◎

们一样有烦恼、有焦虑。佛不是神，佛只是有大智慧的悟道者，不管你是爱吃喝玩乐无所事事者，或是爱买衣服买名牌包包的上班族或家庭主妇，佛陀都和你们一样，也会有这些欲望和执著。

佛在世间，佛在银行在地铁站在便利商店，佛无处不在，因为，你我都是佛，每个人都是佛，只是我们的智慧未开，还在睡梦中罢了。修佛法，就是要唤醒我们的佛性，让我们看透一切都只是自己的幻觉，一切都是因缘聚合才产生的，是短暂的是无常的。

如此，你我才有可能跳脱买名牌包包的贪欲漩涡，才有可能渡过充满现实苦痛折磨的苦海，在这个现实世界里成佛。

佛法是要帮助身在红尘俗世间的凡人解决问题的，佛法不是少数人的专利，只要你想开启智慧，从苦痛恐惧中解脱，都可以学习佛法、学习佛陀如何在现实生活中悠然自在。

◎ 红尘中的幻象 ◎

如果你身负高额卡债，如果你活在恐惧不安中，如果你官司缠身诸事不顺，你唯一的解决之道，就是运用智慧面对眼前的一切。世上没有什么事是解决不了的，除了你的执著和无知。我相信，如果佛陀仍在世，如果佛陀也欠信用卡债，他也会这样告诉你。

◎ 红尘中的幻象 ◎

第一篇

债不是债，
　　债是你无知的结果

当佛陀也要缴信用卡债

当佛陀也要缴信用卡债,佛陀会怎么处理?这是一位朋友问我的。当然了,佛陀是不太可能要缴信用卡债的,因为他早已经看穿了因果。菩萨尚且畏因,佛陀如何能不怕因果?

问题是,佛法教给人的是看空一切,老实念佛,然而,我们平凡人看空之后,仍要回到现实去打卡、倒垃圾、准备晚餐;我们平凡人念完佛后,就算没有欠信用卡债,也有房贷和水电费要缴。

我们无法像佛陀一样,整天在树林里打坐,饿了就托钵去化缘,不用为了柴米油盐去看老板的脸色。

◎ 红尘中的幻象 ◎

因此，这里所说的信用卡债，只是个象征，象征俗世间的种种烦恼和焦虑，并不是说佛陀真的会去乱刷卡欠下卡债。

我常在想，假设佛陀不小心或者受人拖累而有了卡债或烦恼时，他会如何处理和放下？毕竟，这才是佛法能帮人脱离烦恼的关键。

有时候我自己也会迷惑，难道说佛法只能在深山或寺庙里修行吗？

毕竟，世间大部分的人都有自己的责任，并非每个人都能遁世超俗。佛和佛法，到底要如何帮助深陷红尘、有一堆责任和义务要负的众生？

除了叫人看开了、不执著，除了叫人念佛立志前往彼岸，佛法是否能帮我们缴清房贷和信用卡债，让我们钱包满满、一生无忧，过着幸福快乐的生活？

老实说，佛是无法帮我们缴房贷和卡债的。

佛之所以成佛，就是因为非人，他早经历过当人的

◎ 红尘中的幻象 ◎

苦痛和无知，所以超越了人的境界，蜕变成佛。所以他不用缴房贷和卡债，更不会帮我们缴任何费用。

如果真要假设，当佛陀也要缴信用卡债时，他会怎么面对催债压力或暴力讨债公司的威胁呢？

我想，佛应该会永远保持一种觉知因果的状态，心思清澈地、勇敢地接受该来的一切。

唯有勇敢面对困境和噩梦，如同一位法师所说的，"经历它，经历一切吧！"然后，我们才能超越它。

所以，现在身为人的我们，唯一且最重要的任务，就是去经历、去感受当人的苦痛、焦虑或恐惧；然后，才能在这地狱般的修炼中，激发出智慧，看透一切因果和俗世间的假象，真正地脱离苦海。

或许有人仍会质疑，没钱就是没钱，债一日没还就一日不得安宁，再怎么样也无法脱离苦海，我刚刚说的岂不等于一堆空话？

事实上，我认知的苦海，不在这世间，也不在讨债

◎ 红尘中的幻象 ◎

公司的恐吓中,而是在我们的心,也就是在我们的意识中。

如果我们无法看透世间许多因果的本质,无法看穿所有事物的外表,无法看清一切都是我们的执著和幻觉的投影;那么,即使你这次的债还清了,我敢断言,你下次还是会继续负债的。

因为,你认为名牌包包是真的,你认为吃喝玩乐是真的,你认为花钱去消费、去得到你想要的东西,这一切都是真的。

当你一直在做这个梦,就必然还会透支信用卡来消费。如此恶性循环,这卡债,永远也还不清;因为,无知和执著所造成的利息,能叫你一辈子也还不完本金。

"人"这个字,就如同两根筷子互相撑立,而不倒下来。这本来就是很难的考验,甚至是难以完成的任务。就算真的撑起了人字形,但只要一有风吹草动,筷子马上就会倒下来。

◎ 红尘中的幻象 ◎

筷子架不起来倒下去，本来就是很自然的事，但人们却总活在自己的幻觉中，认为自己可以永远架起筷子，偏偏，现实世界就是不能如愿。所以，人们只好在这种折磨下度日，直到老死，仍不能觉醒。

例如，有人明知道自己的收入买不起名牌包包或衣服，却仍然闭上眼睛先刷再说。也有人明知道某位姑娘不可能爱上自己，仍然自欺欺人地对自己说：她只是不好意思承认，然后傻到用钱用尊严去买这个虚幻的爱。

一直要等到对方把你的钱骗光光，一走了之，你才大梦初醒；但很快地，你又逼自己进入梦中，努力打工存钱，继续干这种无知的傻事。

因此，什么是佛法？佛法其实可以用一句很简单的话来解释，那就是：世间一切都是幻象，是空。曾存在的，终究会消失；年轻的，终有一天会老。春夏秋冬不停转，不会因为你讨厌冬天，春天就快点来。

我这么说，醒了吗？先学会如何当人，再来说如何

◎ 红尘中的幻象 ◎

成佛吧！

先用心体会当人的种种苦乐悲喜，如同弘一大师圆寂前所说的"悲欣交集"，先知道当人是什么滋味，再来谈成佛吧！

所谓的佛法，应该是佛陀成佛后才跟世人说的道理。就好像佛陀从大学第一名毕业后，转身告诉正在读幼儿园的我们，如何考好成绩的诀窍和法则，或者教导我们微积分或相对论是什么意思。

有生之年，我很想把这样的话讲清楚，如果欠卡债的人可以看透看清这个道理，应该再也不会要佛陀帮他缴卡债了！

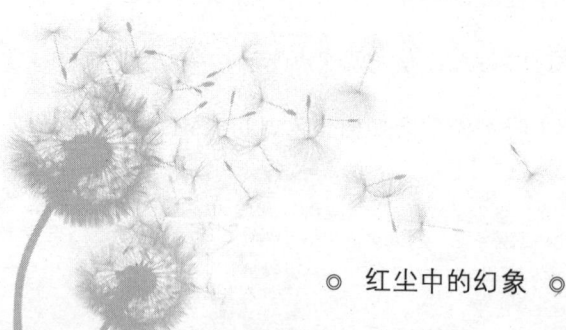

◎ 红尘中的幻象 ◎

没有智慧的人，才会欠债

谈到欠债，大部分的人会想到和钱有关。

其实，"欠债"的范围很广，大到整个宇宙、智慧、能量，小到细胞、健康、睡眠、人情、卡债等等，都是欠债。

人类的身体，本来可以储存多出自身百分之五十的战备电力，这是以防万一用的，主要是让你在遇到突发状况时，可以分泌肾上腺素，瞬间发挥超能的力量，便于求生逃难。如果你三天三夜不睡觉，跑去唱歌、狂欢，为了好玩透支未来的体力和能量，身上就没有了储备电力，一旦遇到意外，必死无疑。

◎ 红尘中的幻象 ◎

因此，熬夜也是在欠债，透支未来的能量和健康。

这个世界的万物是互相连接的，刷卡刷到爆掉，从佛法的角度来看，绝不只是财务状况出了问题，而是其他层面，如心理或生理，人际关系或工作或感情上，也一起出了问题，刷爆信用卡，不过是冰山一角。

因此，会欠卡债的人，一定也会欠亲朋好友的人情，而且一定也没照顾好自己的身体，缺营养欠运动。

欠债绝不只是单一的事件，和整个宇宙是连接在一起的。一定是别的层面也透支或紊乱了，现实生活才会欠卡债。欠卡债、欠钱，说穿了，只是水面上的冰山，在看不到的地方还欠了更多。

"欠债"是忽略自己与大自然的互动关系。人跟大自然应该合二为一。

人是大自然的产物，大自然有其规律在运行。晚上，就应该睡觉，不睡，就违反大自然律。

夕阳西下，人体即进入阴的状态，这时就该用睡眠

◎ 红尘中的幻象 ◎

补足阴气。阴气补足后，等到白天太阳出来，阳气出现，阴阳相合，才能产生能量。万事万物一定要阴阳相合后，才会产生能量，就像电有正负一样。如此体内有能量，人才有动力。

然而，很多人晚上却舍不得睡觉，跑去看电影、去玩乐，或是熬夜做其他事情。不睡觉，阴气就无法补充，等于又透支了或预支了体内的阴气。

体内的阴气不足，等白天太阳出来了，阴气和阳气无法结合，身体该得到的元气（阴阳相合之气）就会不足，于是气虚血瘀。

例如，本来晚上早点睡，隔天早上阴气可达八十分，和白天八十分的阳气结合，就有八十分的元气能量。但是你熬夜上网打游戏，搞得阴气不足，等白天太阳出来，八十分的阳气跟二十分的阴气一配，只能得到二十分的元气能量，多出了六十分的阳气。

这多出来的阳气，因为没有阴气可以结合，就到处

◎ 红尘中的幻象 ◎

乱窜，于是体内就有虚火，结果就是脑神经衰弱，内分泌失调，百病丛生。

大自然告诉我们，世间万物唯有阴阳相合才是正，孤阴或独阳都是邪，体内多出六十分的阳气，就形成火气，称为虚火。

因果循环，虚火留在体内，到了晚上，虚火很旺，全身又闷又热，于是心情烦躁，更无法入睡，次日阴气更加不足。如此恶性循环，健康状况愈来愈糟，就是透支健康被加上利息的下场。

总之，欠债是一体的，包括人际关系、感情、工作、财运和健康。

从紫微斗数来说，紫微有十二宫，一旦你欠卡债，等于十二宫都欠债，牵一发动全身。没智慧的人才会认为，欠债、欠钱、欠卡债等问题，只要有钱就能解决。其实这个观念大错特错。钱不能解决问题，钱只会让你的欲望更深更大，要解决问题必须从智慧下手。

◎ 红尘中的幻象 ◎

对于欠债这回事，有智慧的人，会看透欠债的表象，看穿事物表象后，就会看到其内在的本质：欠债的背后，是欠缺洞悉因果的智慧啊！

欠钱只是冰浮出水面的一小块。之所以会欠钱、欠卡债，表示你个人的人生观、生活作息和整个大自然、整个天地间的配合都已经乱掉，违反自然规律，所以才会作出不理性的判断。没钱还去刷卡买名牌包，没钱还出国旅游……

时下，许多年轻人欠了债，父母、亲朋帮忙还清后，没多久又会继续欠债。因为，对于他的病并没有对症下药：他内在的愚昧无知没有被改变。他的身体、观念、想法还在追求假的东西，依旧无智慧，所以才会一再欠债。

欠债和因果是脱离不了关系的。你向别人借十元，他日还钱时可不只十元，还要加利息。所以我说，因果就是信用卡，刷了卡，就要付业障的债，到时算账时，

◎ 红尘中的幻象 ◎

还得加利息。

欠债不可怕,最可怕的是欠智慧,只有欠智慧才会一再的欠卡债、人情债、业力的债……若把这世人的福报享尽,下辈子转世成畜生,更不会有智慧,欠下的债将更多。

佛家有句名言:"菩萨畏因,众生畏果。"菩萨是有智慧之人,知道种什么"因",会带来什么"果",用智慧看透因果,才不会欠债。若没看透因果,只要种了"因",就一定要偿还所带来的"果"。

凡夫没有智慧,所以成不了菩萨。因为没有智慧,当你在刷卡买名牌包时,刷卡去吃饭、唱歌时,才会不怕因、不怕种下种子。

没智慧看穿事物的表面现象,就没办法看见其中的本质。等到账单寄来时,果已出现,这时才感到害怕,往往为时已晚。

◎ 红尘中的幻象 ◎

是什么东西，让我们看不清因果？

种瓜的种子就会得瓜，春天播种秋天就可以收获，这些因果的道理人人都懂，但到底是什么东西，让我们看不清因果？

每个人都有欲望，修行者、出家人、释迦牟尼佛……个个都有欲望。欲望是本能，肚子饿了，想吃饭；口渴了，要喝水、喝饮料。但是有修行有智慧的人，即使是吃饭喝水填肚子，仍能保持觉知的状态，仍知道世间的因果。

因此，他们吃饱喝足了，就不会再执著或贪恋食物

◎ 红尘中的幻象 ◎

和水，更不会因为这些外物而生起贪婪心或得失心。所以他们不会去做一些愚昧无知的傻事，等着将来被自己种下的恶果折磨。

由此可见，欲望不是造成一个人看不见因果的关键因素。那么，到底是什么东西让我们看不透因果，仍要去做那些会种下恶果的傻事呢？答案就是："我执。"

所谓的我执，就是根深蒂固地认为或相信，我们的"我"是真实存在的，是永恒存在的。所以，为了这个"我"，我们要买很多名牌，要有面子，要让人看得起，要把人家比下去。

于是有了皱纹就要去拉皮，身材不好就要去整形，头秃了就要戴假发或植发。为了这个虚幻不实的"我"，把自己累得人仰马翻，一辈子不得安宁。然而，不管人们吃了多少苦头，就是不愿放掉这个"我"的概念或意志，这就是"我执"。

无知和妄觉经常是我执的产物。我执好比是树，无

◎ 红尘中的幻象 ◎

知和妄觉就是树叶和果子；相反的，没有我执，人们就不会有违反自然规律的幻觉或妄想。

　　这些我执造成的幻觉或妄想，会让人把一些假的东西当成真的。例如，名牌包包所能带给人的尊贵感和魅力，其实只是一种假象，但是有人就会把这假象当真，于是就会不理因果的惊人力量，拼命去做一些傻事。例如，超出自己的能力范围去刷卡或向人借钱，甚至不珍惜自己的尊严和健康，去从事各种不正当的行业，为的只是能拥有那种可以满足虚荣心的假象。如此恶性循环下去，直到卡爆了、事态严重了，这些无知的人才知道一切都只是一场梦。

　　同样是人，有智慧的人和看不透因果的人，他们的差别在哪里呢？前面说过，差别在于有智慧的人会看透自身的欲望，看透因果；无智慧的人则掉入欲望的漩涡里，无法自拔。即使有人拉你一把，帮你还了债，没过多久你还是会再往欲望的深渊里跳。

◎　红尘中的幻象　◎

所以说,"我执"是让很多人欠债、或者忽视因果的重大因素之一。人们只要执著于"我"的存在,就会想尽办法要满足自己的欲望,而且不能比别人差。看到有人拿 LV 的包包,她就要买 GUCCI 的包,不然就要买香奈儿的高跟鞋。

我执是个幻觉制造机,由我执延伸出来的,就是各种非常逼真的幻觉,接着人们会全然地去相信这些幻觉,把假的当做是真的;这东西就是我们的妄想。由我执产生的妄想很多,充斥在生活的每个角落,例如,LV、GUCCI,尊贵、时尚、受人欢迎……这些都是由人的意识制造出来的逼真幻觉。

其实很多仿冒名牌包的制造商,做出来的质量不会比正牌的差,甚至质量已超过正牌,但人们只相信那个真正的"品牌",崇尚真的"品牌",这是人的执著所创造出来的妄觉。就因为人们有了这些执著,产生了妄想,把 LV 当做是真的,还想要一辈子拥有它,好像拥

◎ 红尘中的幻象 ◎

有了它，就拥有了身份、地位和好的人际关系，可以增加吸引力、魅力……

一旦你执著于妄觉，你就会再去创造更多的假象。所以会欠债的人，可以说是活在重度的妄想当中，就像中了毒瘾，迷失在幻觉当中。唯其活在假象中，才会糊里糊涂地欠这么多债。

老实讲，现今的社会，怎么可能饿死人？

现代人之所以想死，问题都在于想要享受那些超出自己能力范围的消费，例如，先刷卡借银行的钱来支付，然后再还银行的钱。就是因为妄想幻觉，才会以假当真，愈欠愈多。

人们总是对不存在的幻觉、假象，抱持过高的期待，以为他们真的可以拥有这些东西。就像有人第一次吃到糖，觉得很甜，之后，其他东西都不吃了。其他东西只稍微甜或不甜或没什么味道，他一吃都变成苦的，脑子里一直在想甜的东西。可是世间哪有那么多甜的东

◎ 红尘中的幻象 ◎

西？这种人注定会有悲惨的下场，因为他满脑子都是甜的东西，其他的味道，不论酸苦辣都不能接受。

另一种人的悲惨下场，就是：他很有福报，可以吃一次甜、二次甜、三次甜……可以吃很多次甜的东西，吃到最后都想吐了，以后看到甜的，也没食欲了。

因此，对于人们渴望的东西，下场永远只有两种：一是得到它，二是失去它。不管哪一种，最后都是苦。如果没有智慧让人们看透因果和事物的本质，他们将永远活在苦海里。

所谓甜的东西，就是我们所喜爱的东西，如金钱、房子、车子、身份地位……现今的父母，太早就给孩子吃甜的东西，长大后，应有尽有，孩子也就不觉得甜了。曾有这样一则新闻报道：某位富家子弟怪爸妈太早买房子给他，让他人生没有目标，没有任何活下去的动力，让他想自杀。这就是甜的东西吃太多，太早吃，已经吃到腻了。因此，很多有钱人家的小孩，每天闲着没

◎ 红尘中的幻象 ◎

事就吸毒、开家居派对，还怪父母没教好他。

这些父母都缺乏智慧，所作所为都在违反大自然的定律，从小就拿这么多甜的东西给孩子吃，使得他不知道人生的动力在哪里。有智慧的父母应该让孩子吃苦，然后再教他自己去追求甜的东西，当他靠自己的力量追求到甜的东西，才会真正感觉甘甜无比。

但甜的东西也是幻觉和假象，因为，甜的东西也需要很多因缘和合，才能组合成，其中只要一个小小的因缘不足，甜就变成苦了。所以说，大部分的人，很难事事如意，如心所愿，其实这在大自然的世界里是很正常的，但是大家都会去追求那个"心想事成"的妄觉。比方说现在你拥有一笔钱，投资基金后亏了，但每天却妄想着钱再回来；或者之前遇到很好的情人，分手后遇到的都是烂人，他就会开始幻想，永远以第一任情人的标准去选择之后的伴侣。老实说，这怎么可能选得到，因为每个人都不一样啊！

◎ 红尘中的幻象 ◎

人们有一堆的我执和妄想，迷失在假象中而不自知，这就是现在人最大的问题。加上现在的广告宣传、媒体报道，每天都在刺激人们的欲望，尤其年轻人最难逃出我执和欲望的魔掌。例如，每天电视杂志报纸都在宣传，什么牌的跑车性能、装备如何如何，用照片用图表介绍得淋漓尽致。年轻人挡不住诱惑，还没存什么钱就想买，所以路上偶尔开过的敞篷车，都是年轻人在开。女生呢，每天电视一打开就是名牌包、口红、香水、衣服。脑子成天被这么多信息刺激，心中的欲望被撩起来，人们自然会去认同这些假象。幻想着若能拥有就好，根本不管什么因果，先享受再说，所以我们的社会才会出现那么多卡奴。

然而，银行唯利是图，不管这些人是否活在幻觉当中，是否超出自身的支付能力，一样让你不断刷卡，以便赚取惊人的循环利息。可以说，银行的人也存在着妄觉和假象。他们以为钱真那么好赚，因此不管用卡人的

◎ 红尘中的幻象 ◎

死活，最后亏到自己。说实话，那些大企业家真的都是没有智慧，只能捞取短线偏财，实际是杀鸡取卵，最后大家同归于尽，真的是活该。

人们对假我、对幻觉有很深的执著，才会看不清因果，所以很多人忽略因果，把因果丢在一边，先享受再说。这样的人，说起来虽然既可悲又可怜，不过，从业力和因缘的角度来看，这些人早早欠了一堆债也好。因为他们大部分都是年纪轻、教育程度不高，还没学会反省的人，有了这次椎心之痛，他才会去重视因，不会等到果报来了才后悔。

所以我说，不妨把欠债当做是人生的功课，从此领悟《金刚经》中"一切有为法，如梦幻泡影"的含意。经过这次欠债的折磨，虽然还得很痛苦，但或许智慧会增长一些。然而，我最怕的是，有人把债还清了，下一次仍会执迷不悔地继续错下去。

◎ 红尘中的幻象 ◎

债是假的，因果才是真的

欠债是因果的产物，然而，一个人从被欲望牵着鼻子走，到做出不顾因果的行为，直到果形成债。在这过程中，也需要许多因缘和合，才能达成。

例如，我们开车或走路时可看见路旁的大树，它的种子必须被埋在土里，泥土要有充足的养分，要有水、空气、阳光等，众多因缘和合，所有条件都具备了，才能生根发芽。发芽后，还必须具备适合其生长的条件，它才能长大；成长过程中，要保证它不被昆虫侵袭，没被小孩子踩死，不被暴风雨吹走……种种因缘具足后它才能长成大树，当个行道树。

◎ 红尘中的幻象 ◎

试想，在这片土地上，有那么多的种子，为何只看到这几棵大树？那是因为有些种子因缘不具足，可能泥土养分不足，无法发芽；或在发芽过程中，被当做杂草拔掉了；乃至于刚好有蚁穴，被蚂蚁啃光。

同样的道理，人在成长的过程中，也要经历许多的因缘和合，才能长大成人。而一个种下恶因的人，也不见得马上会得到恶果，可能长时间都不会得到恶果，但这并不表示因果法则不存在，而是从"因"要变成"果"之间的过程中，只要因缘不具足，"果"就无法开花结果。譬如"果"的产生需要一百个因缘，现在只有九十九个，只差一个，"果"就不会呈现。同样的，债也是一种果，债要形成，中间也需要很多因缘聚合，如果其中有一个条件不足，债就不会成立。

从这个角度来看，债也是一种假象，并非自然天成，永恒不灭的。那些有欠卡债或欠人家债的人，只要了解这个道理，就可以不用那么忧愁。话说回来，大家

◎ 红尘中的幻象 ◎

也别妄想自己欠下的债就此一笔勾销。任何因被种下了，迟早会开花结果，种因的人别想躲掉，果不是不来，只是时间问题。

因此，有智慧的人应该可以理解我想说的，其实债不可怕，债也是假的，真正不灭、真正可怕的，是因果的力量，债是假的，只有因果才是真的。

唐朝懿宗皇帝时，有一位知玄悟达国师，在年少时（还未被封为国师前），曾参访丛林，挂单在一间不知名的寺院里。正巧另一位僧人也挂单在该寺，但那位僧人得了很重的病，通身长满了疮，发出难闻的臭味，所以都没有人愿意和他来往。知玄和尚住在他的隔壁，很同情他的遭遇，常常照顾他，一点都没有讨厌躲避的念头。

不久那位僧人的病好了，俩人为了道业各奔前程，在临别的时候，为了感恩知玄和尚的德风道义，那位僧人就对他说："他日如果你有难临身，不妨到西蜀彭州

◎ 红尘中的幻象 ◎

九陇山来找我,我会设法解救你的灾难。记住,山上左边有两棵大松树连在一起,那就是我居住的地方。"说完便离去了。

后来知玄和尚因为德行高深,唐懿宗十分崇敬,就封他为悟达国师,还赐他沉香庄饰的宝座。悟达国师坐上宝座之后却生起一念傲慢心,想着自己现在是一人之下万人之上。不料从这时候开始,膝盖上便生出一个人面疮来。那疮长得和人面一模一样,也能像人一样开口吃东西,日日都得用食物汤水喂它。悟达国师痛苦难忍,遍请各地的名医,但是每位名医都束手无策。这时,国师突然记起当年那位病僧临别时所说的话,于是便前往西蜀彭州九陇山去寻找。

一日,天色已晚,忽然看见了两棵并立的松树,再往前一看是一座金碧辉煌的殿堂与那僧人。两人相见甚欢,国师把所患的怪疾告诉他,僧人便加以安慰,告诉国师不要担心,只要用清泉水洗一洗即可。

◎ 红尘中的幻象 ◎

次日清早，僧人就令一个孩童引领国师到岩下清泉的溪旁清洗，国师刚要捧水洗人面疮时，人面疮竟然大声呼喊："不可以洗啊！您知识广博、见解深远，但不知是否曾读过西汉书上袁盎与晁错传呢？"

国师回答说："曾经读过。"

人面疮就说："往昔的袁盎就是您，而晁错就是我，当晁错被腰斩时，心怀怨恨，因此我累世都在寻求报复的机会。可是十世以来，您都身为持戒严谨的高僧，冥冥中自有戒神在旁守护，使我没有机会报复。而今您受到恩宠，动了一念名利心，无形中德行已经亏损，所以我才能接近您的身边来报仇啊！"

在现实世界中，我曾看过朱惠慈老师的录像带。朱惠慈老师是个修道者，她专门帮助人消除业障，专治业障病，有些病患的病情，大医院的医生都已诊断无法医治了，这些病患都跑去找她求诊，听说每次朱老师会将治病的过程，拍摄下来。

◎ 红尘中的幻象 ◎

我说过，人们种下的"因"，不一定马上结"果"，但只要刷了卡，就有数字和记录，那"果"就一定存在那里，只是果报不一定那么快到来。

或许那些没有智慧的人会觉得侥幸，逃过一劫，但佛家有句大家都能朗朗上口的名言："善有善报，恶有恶报，不是不报，时辰未到。"真正有智慧的人，早就参透了这句话的道理，也就不会去种任何"因"，只要种了"因"，"果"就会像不定时炸弹，如影随形般跟着你。

真正有修行智慧的人，在觉醒之后，就会知道因果业力的力量何其强大，所以此后的行事作为，就像是在下围棋，所下的每颗棋都是在布局，要想到后面五步十步，甚至全盘都能够了如指掌。好比那些大企业家、军事家或者政府领导人，做什么事情都考量到五年十年甚至二十年后的发展，就是考量到因果。

但这种因果还是属于假象的因果，人们再聪明也只

◎ 红尘中的幻象 ◎

看到五年十年后，真正透彻的因果，是佛法所说的因果，是最究竟的，不只是五年十年的布局。

佛法的因果，可以知道你过去、现在、未来三世所作所为的因缘果报，称为三世因果。释迦牟尼佛就可看出众生累劫的因果。佛陀的祖国迦毗罗卫是个弱小的国家，抵抗不了琉璃王率领大军入侵而灭亡了。佛陀的弟子目连曾想阻止琉璃王的入侵，想把琉璃王和他的军队用神通力丢到他方世界中；又想用铁笼把整个迦毗罗卫城覆盖起来，让琉璃王不得入侵。但佛陀反问目连，可以把迦毗罗卫城的宿业丢掷到虚空中吗？或把宿业用铁笼罩住？目连坦承自己没有这个能力。借此，佛陀向他解释，迦毗罗卫国会被灭亡是因宿缘成熟而今应受报。

佛陀可了知世间的因缘果报，不会因此而痛苦，我们则常会因为无明的果报而心生痛苦。

例如，很多自认这辈子没做过什么坏事的好人，经常会被病魔、小人所害，一再地踏进地狱的水沟再爬出

◎ 红尘中的幻象 ◎

来，弄得伤痕累累。这实在是因为我们看不到前世所种下的因罢了。

很多人出生时本来有很多机会和资源，年轻时却只知道寻求快乐，到处玩，挥霍无度，到老沦落成清洁工或大楼管理员。而他同辈的朋友或同学都很有成就，他却还是浪子一个。年轻时他在玩，其他人在用功读书。及长，人家已经成家立业，晚年有子孙孝顺，他却孤家寡人一个，这怨不得人，自己造的业，只能自己扛。

时下有很多男女，交欢只为了享受当下的欢愉，怀孕了就堕胎，若生下就丢弃在垃圾桶里。这些无知的人造了因，却不去背果，老实讲这份利息很重。

所以说，现在一般的人每天造的业障太多了，但因为没有智慧，所以又拼命再造恶业，卡债卡奴才会这么多。如佛家所说："要知前世因，今生受者是；欲知来世果，今生做者是。"很多父母帮孩子还卡债，背这个因果，这不是慈悲，是无知愚昧、是溺爱。

◎ 红尘中的幻象 ◎

真正的慈悲是让他认清自己，不能说给他饭吃才是对他好。包容他，错了也不惩罚，这不是真慈悲。某人打他骂他污辱他，或许这人才是菩萨化身，像怒目金刚，要来度化这人，会用逆向操作的方式，好让他觉醒。

笔者希望这篇文章、这本书，能多唤醒几个人觉醒，哪怕是一点点觉醒也好。这些觉醒的人，先从三世因果来修行，自己的业障还是要自己背，笔者只能用慈悲心，去教人认清真正的本质，去认清自己的业和因果，不能更不会帮任何人背因果。

红尘中的幻象

人没有智慧，债就无所不在

欠 债不只是亏欠金钱，感情、人际关系或健康等等，也可以是一种债。

前阵子有个新闻报道，说有位女孩，被"网络之狼"诈骗感情和财物。事实上，网络之狼只是先挖好陷阱，等人来跳。我们不能说网络之狼无所不用其极，引用什么诈术，网络之狼只是先设好一个陷阱，刚好符合女孩们头脑里的幻想，或者说她们内心制造出来的假象。

例如，你内心设定自己的真命天子应该具备什么条件，刚好网络之狼设下的陷阱，几乎或完全符合你心中

◎ 红尘中的幻象 ◎

的需求，你就会失去判断力，把身体和存款都给了他。事实上，他只是把你内在投射出来的假象，挖成一个陷阱，往下跳的，是你自己。

同样的案例，在现实生活中，也有很多女孩自己头脑里早已设定好一些梦中情人的条件。她的白马王子，应该是长的既高又帅，是个医生或律师，个性风趣幽默。一旦现实生活中真找到了类似的人，她整个人就会陷下去。陷下去后，那男的就找些理由，向她借钱，骗她说爱犬被车撞，要开刀动手术，或爸爸得癌，要做化疗。

总之，即使对方用瞎扯的理由向她借钱，她都会相信对方。不管对方讲什么瞎话她都相信，因为她已陷入爱情的漩涡，无法自拔。所以，她把自己的积蓄提出来借给他，最后女孩掏尽存款，而那男生就失踪了，再无音讯。

另外有篇杂志报道：一位长相不起眼的女生，却喜

◎ 红尘中的幻象 ◎

欢年轻帅哥,她前任男友就是很帅很帅的帅哥。记者问她为何分手,女孩回答说男友劈腿;记者又问,若他回头找你,你还会继续爱他吗?女孩毫不犹豫地回答:会。甚至爆料说,先前一天兼三份工作,白天工作,晚上兼差,假日去当家教,所赚来的钱,都带男友去买衣服、车子,就为了留他在身边。

由于女孩蜡烛三头烧,身体受不了垮掉了,男友就跑了。男友和她分手后,女孩还去做兼职赚钱,希望能再存一笔钱,买个漂亮的东西送给前男友,希望他能回心转意。

可想而知,这样的重度自欺者必然是个卡奴,她的欲求和欲望已经超出了她的能力范围。故事的后来,女孩确实欠下了大笔卡债,然而即使被银行催讨,身体也因为过度劳累搞坏了,她还是执迷不悟,就算那男的表明说他劈腿,她仍爱着他。

我的一位女性朋友还告诉我一个真实故事,关于她

◎ 红尘中的幻象 ◎

之前的恶男友。

那男人自己去外面泡妞,把女生带到宾馆后,居然打电话给我这位女性朋友,说他没钱付宾馆钱,叫她去帮他付。而我那位女性朋友就真的去了,打开门的刹那看见自己男友和一个女孩光溜溜地躺在床上。而事后,她仍一如既往地爱着他,直到被男友抛弃。

大家可以很清楚地看到,人的妄觉可以让人自欺欺人地活在假象中,这种荒谬的行为,实在令人不可思议,人类真的是个很恐怖的动物,明明知道是火坑,还是睁着眼往下跳。

这些活在梦中、债务累累的人,不论亲朋好友或是家人,给他多少钱,都不能解决问题。因为他的问题不在于钱,而在于他们的妄想和我执,唯一的解药,就是要真的去了解,去领悟《金刚经》中所说:"一切有为法,如梦幻泡影,如露亦如电,应作如是观。"

若这些人能透彻了悟这句话的道理,就会醒过来,

◎ 红尘中的幻象 ◎

一切都是梦幻泡影，这些男人再怎么帅，也不会真心爱你，就算他爱你，他很有女人缘，他还是会劈腿。

最近刚好有一则轰动社会的八卦事件，就是方文琳和于冠华事件。

虽然大家都同情方文琳，但我认为方文琳的问题在于她一直都活在妄觉里。她总认为自己应该拥有一个幸福、美满、快乐的婚姻，但事实却不是如此。于冠华年纪比她小、于冠华还想玩、于冠华是个男人，而男人都爱自由。但这些事实，方文琳却不愿意睁开眼睛看清楚。

事实上，不只方文琳，很多女人都活在自己的妄觉里，她们早已先设定好自己的婚姻模式。例如，老公一定要乖乖的，不能偷吃不能乱来，陪着你乖乖地守着这个家。问题是她设下这样的游戏规则，活在这样的妄想中，但是却只有很少的男人可以达到这样高的标准；十个男人中可能九个半都做不到这一点。尤其是对年轻的

◎ 红尘中的幻象 ◎

男人来说,这不等于是自己挖坑,把自己活埋吗?

方文琳现在很痛苦,这是她很早之前就种下的因,所以现在得这个果,到头来还是离婚,犹如一场梦。然而,不只是她,很多像她这样有爱情洁癖的女生,都是活在妄觉当中,活在幻想当中,所以一辈子无法找到好的归宿。

因为你的脑袋里已设定好了框框,任何被你爱上的男人,都会被拉进这个框框里,要他按照你写的脚本和游戏规则来过生活。压根没去想对方也是个人,有血,有肉,有感情,有情绪。他有自己的理想,他也想要自由,想要呼吸新鲜空气。

或许先前为了爱你,他忍耐着陪你玩这场游戏,任你硬塞进这个框框里;他在憋气,憋憋憋地忍耐,但他是人,他也会憋不住,可能伸长脚透透气,伸出头放放风,偏偏运气不好被媒体抓包了。这时,活在妄觉中的女人就受不了了,就崩溃了,她永远会问自己:"怎么

◎ 红尘中的幻象 ◎

跟我想的不一样呢？他为何要破坏我的婚姻呢？"

事实上，很多的问题都在于这些女人太要求完美，她们不把男人当人看，都把男人当成了圣人。相对的，有些有爱情洁癖的男人也会要求老婆，不能跟其他男人说话、不能出去玩、不能有男性朋友，说穿了，嫁这种男人真是自找苦吃。

要求一个人没有自由地活着，是不可能的事情。二十四小时电话查勤，找人跟踪，这种活在妄觉中的人，是很没有智慧的。两个人有缘就会在一起，无为而爱，顺其自然，只要他是爱你的，你不用去盯他、跟踪他，他也自然会回到你身边。如果每天都要抓着他，盯着他，就算他不累，你也总有累的时候吧！

曾听说有个老公很爱偷腥，老婆二十四小时看得很紧，于是他趁老婆中午去买便当的短短三十分钟里，一样偷了人，最后从隔壁抱了一个小孩回来。你看，只要有心，神仙或美国FBI也很难防范。

◎ 红尘中的幻象 ◎

话说回来,你为了防他盯他,为了控制他,自己也失去了自由,真是何苦呢!

放了别人等于放了自己。有智慧的人应该看透这个道理才是。

总之,债不只是钱的问题,一个人没有智慧,看不透因果,就会不小心种下很多不该种的因,欠下很多债。或许是在财务上,或许是在人际关系上,或许是在感情或婚姻上。

只要人有妄觉和我执,债就无所不在,而且欠了债,早晚都要还,神仙也逃不了。

◎ 红尘中的幻象 ◎

第二篇

忧郁症，
其实是进入涅槃的门票

佛法是免费的止痛药？

看完《西藏生死书》后,我发现书中最有价值的一句话就是:一切诸神,都只是我们灵魂的投射,没有我们,就没有诸神。

人将要死时,因心中太恐惧,不知该何去何从,要去找谁,潜意识中就会出现神佛的形象来救我们。但若要真正地解脱,就要了解这点:一切诸神,都只是我们灵魂的投射,没有我们,就没有诸神。诸神会被投射出来,是为了消除我们内心里的恐惧不安。

若你死了,你的恐惧就会整个被解放出来,所以在死前的那刻,就要领悟到,所有诸神只是我们灵魂的投

◎ 红尘中的幻象 ◎

射。从这点反推回来，没有我们，就没有诸神，所有的神都是我们心里面的投射物，如佛、菩萨、耶稣基督、玉皇大帝、安拉……因为我们就是他们。

我们只是把他们投射在某人身上，在某个形象或偶像上，我们去拜他们，和他们讲话，心里会感到比较踏实、舒服。就像佛教做大悲忏、做法会；基督教做礼拜、做告解；道教则是请神明降乩，透过乩童告诉你解决方案一样。

台湾有乩童，西方则有"灵媒"。西方的灵媒，所开的药方是让你心里有个投射的地方，有个寄托。

例如，有的人亲人过世，在情感上难以割舍，一年两年甚至十年，这个痛久久不能释怀，若只是一味地安抚家属要节哀、要想开，是没有用的，有些人跟亲人感情很深厚，生离死别是件很痛苦的事，化解不开，严重的就会得忧郁症。这时候，灵媒就会开一些心灵的止痛药，经由催眠、通灵的方式，把亲人的灵魂招来，附在

◎ 红尘中的幻象 ◎

自己身上。让亲人的灵魂可借由灵媒的身体说话，告诉家人："我在这里很好，只是另一个世界。其实，大家的灵魂都在一起，从没分开过，灵魂不灭，彼此之间的心灵是相通的，肉体只是暂时消失。将来有一天，我们还是会再相聚。"

这样的说法，对家人而言是止痛药，活着的人就不会那么痛苦。但这种方法只能治标不能治本，这次是父亲过世，下次当母亲往生时，是不是又要吃一次止痛药？这种痛苦是没完没了的。

美国心理学家研究出一种药，叫做安慰剂，例如，你生病了，医生告诉你这药丸是特效药，吞下去就会好，于是你乖乖地把药丸吃了，顿时感觉好多了。但其实医生开给你的只是维他命丸。

研究者曾做了一项实验，将病人分成两组，两组都吊点滴，A组的点滴瓶中装的是药；B组的点滴瓶里装的只是葡萄糖。但是医生却分别对两组病人说，注射的

◎ 红尘中的幻象 ◎

都是最好的药。吊完点滴后,针对两组病人做身体检查,结果呢,两组病人的病情都好转了。

由此,研究者归纳出一个结论:安慰剂是人心理的药,也是有作用、有治疗效果的。

同样的,神、佛、基督、安拉……就是我们心理的安慰剂。安慰剂药效有限,只要做了亏心事,药效就不够,于是开始忏悔、捐钱做佛像、请布袋戏团谢神、放生等等。

每个人都有选择宗教信仰跟精神寄托的权利,就算你一辈子只想靠自我安慰的方式过下去,也无可厚非,只要快快乐乐就好。可是,问题在于,现代人的困境越来越多,活在现实生活中有很多困难,我们应该要用佛法的大智慧去面对这些困境,而不能只靠感情寄托的方式来麻醉自己,自欺欺人。

遇到困难就去拜佛,拜了心就安,什么事都不做了,只交给佛菩萨、交给上帝去处理。如此这般,问题

◎ 红尘中的幻象 ◎

一直没有解决，一直在累积，哪一天爆发出来，就变成新闻报道中的持刀杀人、全家烧炭自杀……只靠压抑和麻醉，迟早会上演一出出悲剧。

在新闻报道中常看到，被警方抓到的那些作奸犯科、杀人不眨眼的罪犯，手上也戴着佛珠。早上犯下盗窃杀人罪，晚上烧香拜佛，睡觉时还必须抱着佛经，才能入睡。多么可笑，平时不做好事，干了坏事才拼命拜求佛祖保佑，以为就可求得佛祖的庇佑，佛祖就会帮你背因果，那佛祖保佑人的标准在哪？公理何在呢？

杀人犯也拜神，强奸犯也拜神，奸商也拜神，贪官污吏也拜神，只要做了坏事、亏心事，统统去拜神。难道神不会审判，不会分辨是非吗？

基督教《圣经》说："人人都有一死，死后都有审判，作恶多端的人会下地狱。"因此，做坏事的人，还敢祈求佛菩萨保佑，不是很怪异的逻辑吗？

总结起来，每个人的心里，只是把佛菩萨当做是压

◎ 红尘中的幻象 ◎

抑心理恐惧的麻醉药，逃避现实的避风港。

白天杀人，晚上害怕冤魂来索命，心里有鬼睡不着，就拜佛。大家都没有真正在修行，只是把佛当偶像在拜。遇到事情就找菩萨保佑，三跪九叩，念念有词地说：帮我渡过这次的难关就好，一次就好，我一定打金牌来供养你。所以就算侥幸逃过这一关，他的智慧也没增长，依旧执著自己的身体、名利、声望，一错再错。

我曾经去过一座位于深山中的寺庙，必须从山脚下一路沿着台阶爬上山。台阶旁立着石柱，从山脚到山顶大约有一百多根，每根柱子都刻上赞助人的大名，赞助的金额越多，名字摆放的位置越明显，就刻在墙壁、窗户甚至大门上。善男信女们做这些事情，为的只是想求功德，让佛菩萨保佑自己的身体、事业、财运或者是家人，只求消灾解厄，根本不是为了修行或增长智慧。这种用钱交换来的功德，有何意义？

说到底，现今很多善男信女学佛都学偏了，以为自

◎ 红尘中的幻象 ◎

己有念佛，有捐钱给寺庙，有在积功德，就很了不起。日常生活里只要看到让自己不顺眼的事物，照样用三字经开骂。这是学佛吗？佛会用三字经骂人吗？

太虚大师说："佛法在世间，不离世间觉；离世求菩提，犹如觅兔角。"佛法是用来在生活中修行的，所谓："生活即修行。"修行不是每天唱诵佛号万声，跪拜菩萨千次，而是要从日常生活中，改掉不好的脾气、个性、观念等等。

例如，你以前是个大声公，现在会轻声细语跟人说话；以前连扫把都不知道怎么拿，现在每天会帮忙打扫家中卫生；以前脑子里只知道钱钱钱，现在会利用假日，带家人去郊外走走。这些，就是修行。但是，台湾到处充满的却是自欺欺人或自我安慰的修行者。他们眼中的佛菩萨只属于自己，跟别人没关系。只要膜拜菩萨，他就可以得到解脱，死后就会到西方净土。这种想法可以发挥很大的安慰功能，但也只是暂时的止痛剂，

◎ 红尘中的幻象 ◎

再遇到不如意的事就又开始去寺庙做法会，请求佛菩萨保佑。请歌仔戏到庙里，拜托玉皇大帝帮你渡过难关。

这些人只是为了自身利益，只是为了消除心中的恐惧不安，才去拜诸神佛，从他们的逻辑看，佛菩萨根本不是主持正义公理的神明，也根本不是掌管世间宇宙真理的神。

按理说，只要是好人，佛和菩萨就会保佑他，只要是坏人就会给他报应，在我们这里却不是这样，这里的佛和菩萨只是每个人心理的投射，心灵的寄托。

如果说，你是一个贪污了很多钱财的贪官污吏，拿老百姓的血汗钱去捐助寺庙的其中一根柱子后，你就不会受到报应吗？你的因果就会消失吗？

有个禅门公案说：

某天丹霞禅师觉得天气寒冷，于是取下每天膜拜供养的木刻佛像来生火，身旁的法师看到后，非常生气地斥道："你为什么烧佛像？"

◎ 红尘中的幻象 ◎

丹霞禅师说:"我在烧舍利!"

"胡说!木头的佛像哪里有舍利?"

"既没有舍利,要它何用?不如拿来取暖吧!"

保护佛像的法师并不真正认识佛性,烧佛像取舍利的丹霞禅师,才是认识佛陀的人。所谓的佛,不在外面,而是藏在我们的心里,外在的木刻或金铸雕像,只是为了启发、提醒我们别忘了前人的智慧,真正的佛和大师,其实还是我们自己。

这则公案,让我想起小时候,母亲到寺院拜拜,拿了一本佛经回来,把它放在客厅的橱子里供着,还告诫我们,这经书可以避邪驱鬼,千万不可以拿起来看,不然鬼会来找你。等到我长大后,认识"佛教"是怎么一回事了,才知道母亲放在橱子里供着的是《金刚经》,是"看"了才能驱除内心的鬼、矫正宿世偏颇的观念,而不是放在橱子里就能驱魔避邪的符书。

还有个有趣的故事是这么说的:

◎ 红尘中的幻象 ◎

日本的某个寺院正在晒佛经,据说在晒经时吹过经书的风,如果吹到人身上就能够消灾生智,许多人因此闻风而来。

一休禅师听闻此事,便说他也要晒经,于是露出肚子躺在草坪上晒太阳。

有人嫌他不雅,一休禅师辩驳说:"你们晒的藏经是死的,会生虫,不会活动。我晒的藏经是活的,会说法,会做事,会吃饭。有智慧者就应该知道哪一种藏经才珍贵!"

人生下来注定不是来享受,而是来受苦的。照着镜子看看自己的脸:两道眉毛是个草字头,鼻子脸颊是个"十"字,嘴巴是个"口"字,组合起来岂不正是一个"苦"字?只是每个人苦的地方不一样,因为每个人长相不同。有些人苦在事业,有些人苦在婚姻,有些人苦在父母子女……各式各样、五花八门的苦,统称八万四千种烦恼,所以,佛法才有相对应的八万四千种法门。

◎ 红尘中的幻象 ◎

佛说:"放下屠刀,立地成佛。"屠刀就是会让我们不小心制造痛苦的东西,佛法就是上好良药,药方是从日常生活里看清世间的真相,认清假象,才能开启人生的智慧。

佛是最慈悲的,因为,佛只想教我们一件事,那就是:从各种幻觉中醒来,去认清所有你不敢接受的实相。佛法不难,四万八千法门就是在讲这个道理,一个人只有真正从梦中醒过来,才可以不用吃各种止痛药或麻醉药,才可以真正从痛苦中解脱。不要再把佛法当成免费的止痛药,因为,吃多了还是会有副作用的。

◎ 红尘中的幻象 ◎

佛教是最古老的诈骗集团？

现今听到诈骗两字，已经多见不怪。诈骗手法之花样百出，从刮刮乐、信用卡、假车祸、电话、手机短信、退税……层出不穷，日新月异。虽然都知道诈骗集团很猖獗，但还是有人会上当受骗。

诈骗集团的骗术好比姜太公钓鱼，就是有人会乖乖地双手奉上存折，把血汗钱汇给他们用。到底是谁在骗谁？问问自己心里的贪念，是不是它惹的祸？

你知道最早的"诈骗"是从何时开始的吗？是谁发明的吗？答案是公元前六百多年的释迦牟尼佛。

他的"诈骗手"法很另类，他不要你的钱，只要你

◎ 红尘中的幻象 ◎

的心，怎么个骗法呢？

只有四个字：信、解、行、证。"信"我说的道理与方法；了"解"我说的道理；确实去"做"；运"用"在生活上。

现在的诈骗犯在很短的时间里就可以把想要的东西骗到手，但两千多年来，释迦牟尼佛真的"骗"到手的，却寥寥无几。为什么呢？因为我们的贪瞋痴慢疑太重了。

《法华经》中有这么一个譬喻。

从前，有个员外非常富有，他的宅第宽广富丽，却只有一道门可以进出。有一天，屋内角落无名火苗蹿起，迅速蔓延整间屋宇。员外见状大惊，心想："我的孩子们都还在屋里嬉戏玩乐，丝毫没察觉到自身的危险，就算火势已经延烧到身边了，也不知道要逃离。"

于是员外竭尽所能地大喊，但孩子们却各自玩各自的，不理会员外，偶尔转头看焦急的父亲几眼，但依然

◎ 红尘中的幻象 ◎

不在意，继续互相追逐，玩耍嬉戏着。这时，火愈烧愈旺，情况愈来愈危急，再不逃出去，孩子们都要烧死在这里。员外苦思救子的方法，突然灵机一动，大喊："孩儿啊！父亲为你们买了稀有难得的玩具，赶快跟我一起去取！""什么玩具呀？"员外成功地吸引了所有孩子的注意力。"有羊车、鹿车跟牛车等，都放在门外，你们快跟我离开这里，只要你们喜欢，通通送给你们玩。"听到父亲说的话，孩子们争先恐后地向外跑去，员外成功地把孩子们都带离了火宅，逃过一劫。

这故事里的员外就是骗徒，但他的诈骗动机和佛陀一样都是为他人好，为了救人。

事实上，诈骗这现象无所不在，例如，父母都是用诱导的方式教导我们长大的。

小时候学走路，父母拿着玩具、奶瓶、糖果在前面引诱你，一面拍手一面说好棒、好厉害，于是你缓缓踏出第一步。求学时，父母说如果考第一名，就买电脑、

◎ 红尘中的幻象 ◎

漫画书……于是你为了奖品多背了好多数学公式和英文单词。升上高中，父母就会说一定要考上大学，不然你将来就没前途，娶不到老婆。于是你挤进大学，有了学历，有了工作，当上经理，娶到条件不错的妻子。

大家是否想过，父母的苦口婆心，为的是让你进入社会时不被人看低，有更多更好的机会，可以选择更好的人生，而不是为了寻开心来骗你的。

同理，佛陀为救脱执迷不悟、身陷苦难的人们，也编了许多美丽意境，令你心有向往，引诱你走向修行的道路。若佛陀开宗明义地告诉你，所有你眼睛看到、手摸到的一切，都是空的、虚幻的，死后你自己也是空，人们吓都吓死了，还会去念佛、打坐、修行吗？应该避之唯恐不及，绝口不提成佛了。

佛陀深知人们的喜好，不做徒劳无功的事，因此佛陀的权宜之计就是告诉你，这路途上有很多金、银、琉璃、珍珠、玛瑙等稀世珍宝，等你去拿，而目的地则是

◎ 红尘中的幻象 ◎

个只有快乐没有痛苦的地方。到了那里，任何好事你只要能想到，就会显现在你面前。

然而，两千五百多年前佛陀的美意，如今却成了神棍假借宗教名义到处敛财、骗色的工具。

台湾这几年出现很多争议性相当大的大师，最后虽然被判决有的有罪、有的没罪，但那是法律的角度；从修行者的角度来看，不管那些被控敛财的大师是否真的有罪，但他们的财大气粗，沉溺于纸醉金迷，连小孩子也看得出来是怎么回事。可悲的是，仍有不少人愿意当呆子，倾家荡产地供奉他们，我们也无话可说。

这些诈骗乱象之所以愈来愈多，主要是有很多没有智慧的人，想在修行或消业上抄捷径，走后门，想靠怪力乱神坐上电梯，直达天国的境界。他们以为成了佛、成了神，就可像哈利波特使用魔法，念个咒语就可以变出东西，或者像电视剧里演的菩萨身怀法力，手一挥眼一动，车子、金钱、房子马上出现，不用再看老板的脸

◎ 红尘中的幻象 ◎

色上班。心里何尝想过什么是佛？什么是修行？

　　新闻曾经报道一宗巨额诈骗案，来自香港、台湾的一伙不法分子将四川成都一间寺庙里的临时画工包装成"藏传大师"，让农民染白毛发扮成老法王，将动物园播音员吹捧成"女法王"，然后在香港深圳两地注册公司、大办法会，吹嘘能为他人消灾解难，共骗得两位港台商人献出供养金逾亿元。

　　还有一篇报道，有位妇人身体有疾，某位吴姓男子告诉她说，要裸体共修打坐才能痊愈，于是被吴姓男子性侵十多次后，妇人才发现被骗。

　　某些诈骗集团利用宗教的力量，抓住人性的弱点，招摇撞骗，终究归于世人知之太少。世人像飞蛾扑火，明明是个火坑，还是不顾一切往下跳。

　　我们会去供养大师、活佛，为的是让他们摸摸头、洒洒水、看看相，以为这样就能消业障、开智慧、去疾病……如果真是这样，佛陀何必那么辛苦地说法四十九

◎ 红尘中的幻象 ◎

年呢？

现今的学佛者，只取佛经中的一小段话，把念佛、坐禅当做是修行，是通往极乐世界的后门、是成佛的捷径，每天什么事都不做，只知道念佛、打坐。

然而，祖师大德曾言："口诵弥陀心散乱，喊破喉咙也枉然。"口中念着佛号，心中却记挂着谁欠我的钱没还，今天的股市是涨是跌，念完要去哪儿大吃一顿……这种情形下再念千声万声，佛陀也听不见，因为你内心的噪声太强，佛陀听不到你在叫他，难以接引你去极乐世界。

烦恼不断，苦就不会消除，不是佛陀不救你，是你不救自己啊！

我说，念佛、坐禅、拜佛等等，都只是修行的工具，八万四千种法门中的一个，好比坐飞机去日本迪斯尼乐园玩，飞机只是到达目的地的工具，不可能有人去迪斯尼还背着飞机吧！

◎ 红尘中的幻象 ◎

念佛是借由口诵将心中的念头集中于佛号,使你不再胡思乱想,专心一物则心静,然后再去面对生活中的琐事,这样才不会心浮气躁,做出后悔的事。

外行的学佛者,以为念佛可以消灾解厄,自己种下的恶果,佛可以帮你清除这些不良记录,死后不会下地狱,不用受上刀山下油锅之苦。于是买菜时偷拿店家的葱;野狗向他叫了一声,就拿球棍一棒将它打死;遇到困境时带着小孩自杀,原因是不想让孩子再受人间之苦……

林林总总,无知的人们一味地吃着裹在佛法外层的包装纸,却把真正的佛法丢弃。

要知道,佛不能帮你背因果。因果自负啊!

世间的事物,包括佛号、佛的形象、佛法等等,一切都是空,其实都不在。为了导引世人了解佛法,佛陀发明了很多迷人意境,诸如涅槃或琉璃世界,好吸引世人走向修行的道路。

◎ 红尘中的幻象 ◎

事实上，佛陀说法最经典、最赤裸裸的是《心经》，这部经文没有任何包装，直指世间宇宙的真相，这才是佛法的真面目。偏偏世人执著太深，无法一下子接受这个事实，才会有各种传说和漂亮包装出现。

内行的学佛者，有智慧的人，应该把这些包装丢掉，去看里面的真智慧，远离颠倒梦想，这才是真正的永离苦难，自在无碍啊！

当前社会上有很多标榜正派的宗教团体，虽然不是为了诈财，但是有些也并没有把佛法的真正道理告诉众人。如果你有智慧，应该要去看清这些现象的背后，这样才不会到老到死才发现念佛念经捐了那么多钱，原来一切都是假的，只有恐惧不安才是真的。

◎ 红尘中的幻象 ◎

黑白无常会出来逛大街？

黑白无常不是鬼也不是死神，事实上，黑白无常只是一个代名词或比喻。

我认为，黑无常象征要带走我们喜爱的东西，白无常象征要带走我们不想要或讨厌的东西。黑白是一体的，不能分离，因为无常是一种现象，一种自然法则，没有意识没有感情，不会分辨什么是好、什么是坏。

坏人会死，好人大限一到也会死，人生所谓的好坏悲喜，都是人类自己的意识创造出来的。我想，老祖宗当初会发明黑白无常，只是要告诉大家，无常是个很可怕的东西，并不是说无常是厉鬼或是死神。头戴高帽、

◎ 红尘中的幻象 ◎

口伸长舌的形象，是后来的人为了教化世俗才创造出来的，偏偏大家都忘了黑白无常背后的意义，只记得那个用来比喻的恐怖形象。

无常之所以分黑白，是象征我们拥有的东西，不管是我们讨厌的或喜欢的，时限一到，全部都要分解消失。

黑白只是用来象征阴阳喜恶，如要进一步细分，还可以分出红无常——专门带走人们的恋情和爱人，绿无常——带走健康和钞票，以及蓝无常——带走和平理性……你有多少执著眷恋，就有多少种无常。

有一次，我和几位老人家聊天，一位老伯伯说，他小时候在大陆老家时，传说有人在半夜看见黑白无常吐着长舌头出来逛大街，最后转进他隔壁的一户人家，带走了他邻居的灵魂，第二天他邻居的父亲就过世了。

本来，无常是大自然的一部分，但人都怕死，因此，无常变成是可怕的。有时想想，不禁觉得好笑，一

◎ 红尘中的幻象 ◎

个人如果没有智慧，看不透世间万物皆无常，就永远只会在潜意识里刻印传说中无常的恐怖形象，然后道听途说，编出一些骇人的情节来吓自己、吓别人。

无常是没有形象的，只是一个抽象的概念，意思是，万事万物，不管眼睛看得到看不到，时限一到，都会被分解而消失。现在你眼前一只活蹦乱跳的狗，明天可能被车撞死，尸体慢慢分解掉了之后，这只狗不见了，它的活蹦乱跳也不见了；或者，你今天早上看到的一丛又香又漂亮的七里香，下午一场无情的大雨之后，它们就会散落一地。

这就是无常，它没有面目和表情，但是无所不在。

现今的人都不了解"黑白无常"是什么意思，以为"黑白无常"是一个穿着黑色、另一个穿着白色衣服的死神，看到他们就代表某人死期已到。人们从而感到害怕，害怕鬼的形象，活在痛苦当中。

其实，大家都怕错了方向。因为，只要是鬼都可以

◎ 红尘中的幻象 ◎

赶走，终究会消失；但无常却赶不走，每分每秒无所不在地跟着我们，在我们的脑海里，在我们的细胞里。

世间本无鬼，如果真的有鬼也是我们心中的鬼，它的名字叫贪念。不想让喜欢的东西消失、离开，因此我们心中充满恐惧、害怕，执著于喜欢的东西，于是活在痛苦中。

佛法中说"怨憎会"，你愈是怨憎或嫌弃的人、事、物，就愈避不开，总是聚合在一起折磨你；佛法中也说"爱别离"，你愈是喜欢的事物，就愈容易离你而去。事实上，并不是这些你讨厌或喜欢的东西故意要和你作对，更不是诸神佛故意要捉弄你，这一切感觉，都是你自己创造出来的。

乍听之下，无常是不好的。针对现今卡奴现象，对卡奴来说，最大的痛苦来源就是要还卡债，依无常的定义，卡债终有一天也会消失，于是痛苦不见了，即可回到快乐的日子。如此推断，无常也不失为是件好事吧！

◎ 红尘中的幻象 ◎

佛法的智慧，只想很简单地告诉你，这一切都是幻觉而已。就像某人骂你，使你产生生气的情绪，这时记得要保持觉知状态，将整个动作去拆解，用智慧去开解。首先，对方是个心脏正在跳动的大活人，而我也因为眼睛、耳朵、大脑整个身体运作正常，才能由接收到对方骂我的话，传递到大脑处理后，产生愤怒的讯息，传递至心脏，心跳次数增加，血管收缩，于是神经开始紧绷。

如上所述，从有人骂你到你被激怒的过程，其中需要通过无数神经细胞与内分泌系统的运作，只要一个环节不正常，就无法产生愤怒的情绪。这就是无常。

无常真的不是坏事，问题在于我们习惯把常常看得见的东西，当做是永恒不变、不会消失的绝对实相。例如，很多情侣刚开始热恋时，不敢相信老天爷真的给自己这么好的情人，因为这爱情太甜美，他心里开始害怕这一切只是梦，所以，他开始每天粘着情人，第一天早

◎ 红尘中的幻象 ◎

上起来看，情人还在；第二天，也还在；第三天，真的还在。就这样，他的脑子习惯了有这个情人的存在，于是下指令告诉自己可以不用那么紧张了，情人是永远存在的，不会跑的。

渐渐地，他忘了无常这回事，直到情人出车祸或发生意外离他而去，他才想起来世间有所谓的无常。然而此时，他的心早已深深地烙印了情人永生不灭的程序，一时间叫他如何去接受这个事实？于是，他怪无常太无情，太残忍。

同样的无常，在很多冤家和仇人间，却又让人觉得根本不存在。例如，结婚几十年的夫妻，彼此愈看愈不顺眼，除了吵架打架，彼此的恨意也节节上升，到最后甚至买保险，互咒对方赶快被车撞或者坐火车脱轨死掉，自己就可以领保险金再找第二春。奇怪的是，诅咒再诅咒，对方却总是好好的，这时，人们又开始咒骂无常太偷懒，太没用。

◎ 红尘中的幻象 ◎

人就是这样，遇到自己喜欢的人、事、物，就希望无常不要来。如果是自己讨厌的，又每天巴望着无常快来，一天多来几次更好。

有时，无常不来，人们还会自己制造无常，电视曾经报道好几起太太买凶杀夫，而每次先生都被救回来的新闻，当然也不乏先生设计要杀害太太的，从这角度来看，到底是无常可怕？还是人心可怕？

说不定，这些要杀太太或先生的人，当初刚和对方陷入热恋时，一样是爱得死去活来，一刻也不能分离，每天在心中默祷无常不要来。结婚不过几年，爱人竟已变成仇人，爱之欲其生，恨之便欲其死？

其实，无常无所不在，无时不在，那些从亲密爱人反目成仇的情侣夫妻，就算彼此都还活着，生命没有出意外，但两人之间的情爱，早已经烟消云散，这岂不也是一种无常？

无常从不缺席，只是人们没有想到罢了。

◎ 红尘中的幻象 ◎

昨天买的新车,今天被刮伤了,你好心疼;今天新买的液晶电视,可能几个月后就会坏了,只是现在的你想不到那么多;每天来讨债的凶神恶煞突然有一天都不来了,因为,他们被警察抓了,整个集团瓦解了;前天去夜市吃的一家非常好吃的大肠面线,今天想带朋友去吃却找不到;连续几天你投资的股市和基金都涨了,你却舍不得获利了结,结果今天突然跌停,全部被套牢;昨天,你的女朋友说好爱你,你心里揣得二五八万,结果几天后她挽着别的男人宣布了婚讯……

无常每分每秒都在,推动着这个世界前进,让地球旋转。万事万物每一瞬间都在流转变幻,你我的心也是一样的,上一念想到悲苦,这一念想着要去哪里度假。从佛法的角度来看,这世间没有什么东西是真的,一切都是幻象,都是空。这里的幻象和空,并不是指一切都是泡沫,也不是说一切都不存在。

没错,你现在看到的、摸到的、听到的、感受到

◎ 红尘中的幻象 ◎

的,都是存在着的,但这些是佛法里说的"假有"。也就是说,这些"有"和"存在",都是在特定时空下,因为很多条件或因缘聚合而暂时存在的,并非绝对永恒的存在。既然不是绝对永恒的存在,那么,这些暂时存在的假有,总有消失不见的时候,可能是下一秒,可能是几天后,也可能是一年后,当然也可能是几百年后。

因此,佛希望我们每分每秒都保持觉知状态,知道自己也在无常中,也在不停地流转变幻;肉体一直在分解又聚合,你眼前的人事物也是如此。保持这个觉知,不管迎面而来的是你讨厌的或喜欢的,你都要用心去经历体验,因为,这些都不是永恒存在的。

尤其是面对你的家人或孩子,更要珍惜和他们相处的每一分每一秒,因为,时间不停地流逝,眼前的瞬间一旦流失掉,再也无法回头。

如果你懂得保持觉知,觉知因缘聚合分解的现象,觉知无常无所不在无时不在,你就不会对家人感到不耐

◎ 红尘中的幻象 ◎

烦或发牢骚,因为,等你将来想回头来赎罪或说道歉时,对方有可能早就被无常分解掉了。

总之,佛想告诉我们的就是要看清无常之下假有的真面目,然后接受假有的缘灭成空。

该来的,就让他来,我们不妨专心、用心地去体会、经历这些假有;等时限一到,该走的就让他走,不要执著、也不要贪恋,心中像明镜一样,映照人生万象,来来去去,都不会在心中留下痕迹,这就是佛性,当你安住在这个状态,你就是佛了。

有些人很偏激,无法接受万法皆空的事实,心想反正都是空,他也不想活了,或者放弃自己,恶事做尽,绝望失意。

其实,佛法并非叫人活在空的绝望中,佛倒是比较鼓励人们勇敢豁达地把人生好好经历一番,就当这是一场梦,一场游戏。我们买了票,拥有了这个肉身,可以来到这世间玩一遭,不管你尝到的是酸是苦是甜,这都

◎ 红尘中的幻象 ◎

是人生的滋味，如果你只要吃甜，那就不用来人世间了。依我的观点，无常是让这世间保持生命活力的关键。

肉体使用久了，就让它分解消失吧！仍然留恋这个游乐场的，不妨再换个肉身来玩，天地山川也一直在流转嬗变，万物生死不息，世间才永保新鲜。无常有何不好，如果真要为无常设计一个形象，应该像迪斯尼里的米老鼠之类的才对。

说了这么多，只是想告诉大家，无常是个自然律和力量，没有形象和喜怒哀乐，也不是穿黑衣白衣、戴尖帽、口吐长舌的妖怪。下次，如果你还听到有人说他看见黑白无常在逛大街，不妨一笑置之，不要真的相信就是。

◎ 红尘中的幻象 ◎

蜜月效应原是梦幻泡影

所谓的蜜月,不只是坐飞机出国玩,人与人之间刚认识,也是有蜜月期的。

人与人,如朋友、夫妻……刚开始相处时,就好像是在蜜月旅行,在一起只有快乐。在蜜月期间,看不到对方的缺点,认为彼此双方都是完美的,可时间一久,彼此的缺点都暴露出来,才会质疑为何当初像着了魔一样爱得死去活来?

其实,这种双眼被蛤蜊肉遮住的现象,叫做"蜜月效应"。

讽刺的是有蜜月效应,也相对的有仇家效应。

◎ 红尘中的幻象 ◎

起初,在蜜月效应的作用下,对彼此的不良习惯,如挖鼻孔、抠香港脚……都视而不见,再坏的习惯也能朝好的方向解读、也能包容。然而,最后变成仇家效应时,却是不管对方做什么都看不顺眼。

为什么人会有这种荒谬、好笑的行为?为何会有一百八十度的大转变,那么大的落差呢?

其实,回到原点来看,蜜月效应就是自我的执著、妄想造成的。

每个人在寻找对象时,潜意识里早已设定好梦中情人或真命天子的形象,寻找的过程就如同一场又一场的幻觉投射游戏,将脑子里那个完美情人的形象,通过眼睛向外投射。男的就投射到女的身上,女的就投射到男的身上,一个个去比对。当对方的长相外貌、气质等,跟内在投射的设定相符时,内心的程序就开始启动,身体也展开了行动。

你会爱上对方,其实是你将自我内在的幻想投射在

◎ 红尘中的幻象 ◎

对方身上，认定对方是自己的梦中情人或真命天子，于是产生错觉。

这样的错觉、妄想一旦出现，能量就随之爆发，整个人会像疯子般迷恋对方、追求对方。刚开始恋爱的时候，你根本看不清楚对方是不是你的完美情人，你处在一种自我催眠、自欺欺人的情感中。

就算对方的外貌、气质跟我们的完美情人形象很接近，但对方终究是一个独立自主的个体，不能跟我们心里创造的完美情人画上等号。

毕竟，对方是个人，有自己的个性、想法、价值观……不见得是我们内在的完美情人，不是从潜意识的烤面包机里弹出来的。

爱情经常是一种精神病，每个渴望爱情的人，都活在自己的幻觉里，只想抓个人来演戏，其实最终目的，是想消除内心的不安和恐惧感。

你心里早已誊好一个剧本，只希望有人能和你同台

◎ 红尘中的幻象 ◎

演出，对方演得好，你的内在就会得到更高的满足感及快乐。这剧本是你所想象的，剧情是多么美好，多么幸福浪漫，你和他有多么契合，这些都是因你的幻觉而产生。

当你将内在完美情人的形象投射在某人身上，然后让他在现实世界中，陪你演出你内在的剧本时，你将一边享受其中的快乐，一边在大脑产生脑内啡。脑内啡让你感到特别快乐，就像吃迷幻药，飘飘欲仙，进入三摩地的境界，太舒服太快乐了，你看不清一切都是你的幻觉。

刚开始的时候，你的对象并不会戳破你的假象，他会依着他自己的幻觉，配合你演这出戏，于是产生初期的蜜月效应。

可惜的是，你选中的对象并不等于你心里的完美情人，事实上，你内心的完美情人在这世界上根本不存在。因为他太完美了。你只是把影像投射在对方身上，

◎ 红尘中的幻象 ◎

任由心理投射作用把他当成自己的完美情人。

偏偏生活里谁都演不出完美，时间久了，你渐渐发现对方"露出马脚"，发现对方讲话的方式不对，动作也不对。你内在设定的剧本，是不会挖鼻孔的完美情人，但他不仅会挖鼻孔，还会放屁、抠脚丫；你以为他不会做的不雅举止，在你的仔细观察下他都会做。

这时，你才开始从梦中慢慢觉醒，发现他并不是你的梦中情人。

再者，在一起的时间越久，蜜月效应期里让你产生快感舒服的脑内啡，也会慢慢在你脑中递减，越减少你就会越清醒，减少到几乎没有时，你就醒过来了。

醒过来发现自己怎么那样没眼光，看上的人长得既丑又没水平……于是你开始对人家嫌东嫌西，鸡蛋里挑骨头。

这时，对方也已渐渐苏醒，掌管爱情的费洛蒙慢慢退去，对方也开始厌倦你，最后俩人相看不爽，终于成

◎ 红尘中的幻象 ◎

了仇人。

曾听过一个故事：有个赶路的旅人，赶了几天的路，晚上找不到客栈休息，又累又渴。这时，他发现前面有处池塘，池中的水干净又清澈，于是，他走近池塘用双手捧水喝。当时，他觉得这水喝起来清凉且甘甜无比，渴饱后就躺在池边睡着了。

第二天早上起来，他发现原来自己是躺在墓碑旁，所喝的水只是墓旁的一滩死水，又黑又脏又臭，水里还有尸体的头发、尸骨、蛆……令人作呕。才一夜之差，变化怎会如此之大？

那是因为，昨天晚上视线不佳，他看不清眼前的事物，再者，当时他实在是太渴了，所以喝什么都会觉得好喝。

爱情也是由同样的道理。当你爱这个人，爱得死去活来时，根本不会去想他也是由细胞组成，身体里有血管，有神经系统，有肮脏的东西，有一天身体会老化，

◎ 红尘中的幻象 ◎

内脏会萎缩，脸上会长皱纹，死后皮肤会溃烂，会变成一滩死水。

人们一旦爱上了，哪里会管这些！活在自我幻觉里的人，就像那赶路人，在漆黑的夜里，因为口渴，脑袋里只有幻想，才会对某些事物失去判断力。

这就是为什么有很多情侣或夫妻，在一起生活几年后，才发现自己当初真是瞎了狗眼才会看上对方。这就是蜜月效应，包括朋友、同事、同学、合伙人……都会有此效应。

事实上，当你心中对某个人有很高的期待时，你已经陷入自己的幻觉里，即使对方有很多缺点，你也会美化它，把它看成优点；当这个效应的药效减退时，优点自然变回缺点。

这个效应其实和刷卡欠债的愚蠢行为是同样的原理，活在幻觉里的人连坟墓旁的死水都觉得好喝，同样的，刷卡时也不会想到以后要负担卡债。一定要等到卡

◎ 红尘中的幻象 ◎

爆，讨债公司上门来要债时，才醒过来。

天亮时，才发觉原来喝的甘甜之水是死水；卡爆时，才发现原来刷卡买的包包是通往地狱直达车的车票。

严格来说，大部分的人，从出生到老死，都活在自己的幻觉之中，这辈子都在追求自己想要的东西。当他们还是小孩时一心想买玩具，长大后到处找外形好的伴侣，想要有个幸福美满的婚姻，想要有财富、身份、地位、权力……一直活在自我幻觉的梦中，醒不过来。

然而，世事无常，当他们在追求幻觉的过程中，发觉得到的和自己所想的不符合时，梦就破了，这时就会感到痛苦，借酒浇愁。过阵子痛苦消失了，幻想又来了，开始又去追求另一个梦；当梦破碎了，会痛苦一阵子，然后又再去创造另一个梦。

就像实验室里的小白鼠，跟着滚轮跑，累了也不知道停下来休息，一直呆跑着，直到累死。

◎ 红尘中的幻象 ◎

例如，有种女人专爱某类型的帅哥，当这类帅哥不喜欢她时，梦碎了，痛苦一阵子后，还是去找同类型的帅哥。有些女人会一再失恋，失恋后痛苦得想自杀，或用酒精麻醉自己，甚至去买只鸡，斩鸡头发誓"这辈子不再谈恋爱"。然后，过不了几个星期，又开始谈恋爱，而且还是回到幻觉的路上，找同类型的男性，又被糟蹋欺凌。一再的真心换绝情，还是不死心，继续循环下去，怎么都无法从痛苦的深渊爬出来。

我曾经看过一位从事业务的女性朋友，四十多岁，尚未结婚。身旁有不少男性朋友，都是些不务正业、好逸恶劳的人。事实上，从二十几岁进入社会起，她就一直在追求这类男性，和这类男性交往时，每每是辛苦赚钱养对方，还被人劈腿当垃圾。最后虽然是受不了了、超出极限了才分手，但是下一次还是跟这种德性的家伙搅和。

就这样，她从青年到中年，交往的男性朋友在性格

◎ 红尘中的幻象 ◎

上都雷同，不仅吃软饭还对她拳脚相向，而她就是离不开这类型的男人。几年后我遇到她，只见她面容苍白、消瘦，双眼无神、眼袋下垂、满脸皱纹、身材变形。几个朋友看她这样都很不舍，都曾劝她，为何如此糟蹋自己，青年到中年都活在自我幻觉的游戏中，耗费青春，花尽积蓄，赔了夫人又折兵。

事实上，她的亲姐妹们都各自有自己的家庭，只剩她独自一人，漂泊流浪，青春不再，身无分文，还醒不过来。后来年龄大到无法再做业务，终于沦落到在一家旅社当清洁工，过几年病死于这家旅社里。

从以上的例子可看出，人的执著与幻觉的力量是多么的坚韧恐怖！尤其是对爱情。几乎每个人都会对内在完美情人的形象有着强烈的执著，如同荣格学说所谓的"原型"，男人心中的"阿尼玛"，女人心中的"阿尼玛斯"。

这种在人内心里无意识的概念、影像以及思考的标

◎ 红尘中的幻象 ◎

准，都会替我们制造出那个永远不曾存在世间于的完美情人。

这些潜意识里的完美情人，是从老祖先那边潜移默化所遗留下来的，早在人出生开始，心底早就埋好了这完美情人的影子。长大之后，就开始按这个影子的条件去找爱人。在很多真实案例中我们可以看到，有人可以为了追求内心的完美情人，连命都不要。很多傻女人，爱错人了也不回头，陪对方去抢劫、贩卖毒品，都在所不惜。

社会新闻里有个真实案例，让我对人类潜意识里那份对幻觉的执著，感到既恐怖又悲哀。

有位女律师，某次接了一个案子，被告是位毒贩子，请她做辩护律师，她竟然爱上了这位罪犯。这罪犯前科累累，相反，那位女律师前途大好，父母含辛茹苦把她养这么大，她竟然爱上罪犯，还不听父母的劝告，执意要嫁给他。

◎ 红尘中的幻象 ◎

结婚后，丈夫恶习不改，整日游手好闲，还因吸毒被关了好几次，他总觉得岳父岳母看不起他。某天他抓狂杀了岳父，警察将他逮捕归案后，那位女律师才觉醒，发现自己爱错了人。

这个毒贩和女律师本来就是两个不同世界的人，然而，追求爱情幻象的力量相当强大，强大到让你不理性，异想天开，甚至天真地认为自己可以用爱去感化对方、改变对方。

很多情侣夫妻之所以会成为怨偶，就是因为从开始谈恋爱时，就存有妄觉、幻想和期待。每个人都会说：我知道对方有缺点，没关系，我可以用爱去感化他。

别傻了，你可以将万里长城炸掉，也不可能改变一个人的本性，否则，为何俗话会说："江山易改，本性难移？"所以一个小小的幻觉，就能害死很多人，这就是因果。当初种下这小小的因，以为幻想可以成真，几年后，这种子长出来的果，一颗颗像炸弹，这多恐

◎ 红尘中的幻象 ◎

怖啊!

话说回来，要叫每个人完全从自我执著中跳出来，是不可能的；要每个人对任何事物不存有任何期待，是不可能的。只能希望每个人都能有智慧去观照看透事实的真相，尽量去避免一些致命伤害。人当然可以存有期待，不过，一旦发现落差太大，就像你自身是个忠厚老实的人，却爱上一个杀人犯，心里就该有数。

蜜月效应的下场，就是注定要大家从噩梦中惊醒。

有些人不见棺材不掉泪，一定要等到死的前一刻才醒过来；有智慧的人，吃了一次亏就觉醒了。这就是为什么许多人离了几次婚，或上了年纪，比较有智慧后，找寻伴侣时，会比较清醒理性点，不会存有那么多的幻觉。

经历了婚姻的失败，觉醒之后，所找的伴侣，才能真正陪你到老，因彼此之间不存有幻觉、假象，彼此也不会要求对方，一定要按自己的剧本来演。

◎ 红尘中的幻象 ◎

彼此没有压力，大家用最自然的方式相处，这才能长长久久。一旦有所压抑，一旦刻意去美化、做作，就会像《金刚经》所说："一切有为法，如梦幻泡影。"自然无法长久。

所以，人一定要经过很多痛苦挫折，慢慢从自己的幻觉、从自己的梦中醒来，才能找到自己真正想要的东西，觉醒后再寻找对象或选择伴侣时，找到的那个人才是真正适合你的人。因为你不再戴着有色的眼镜去看他，你所看到的就是这个人本来的面目，优缺点并陈，适不适合自己，自然就容易判断。

相反的，年轻时，对完美情人的幻觉妄想写满设定好的脚本，就像戴着有色的眼镜去看这世界，不管看任何人都是不准确、不客观的，因为你的判断力会被你内在的有色眼镜干扰，找错人或找到冤家。

因此，年轻人的恋爱不长久，婚姻也不长久，因为大家都不够成熟，双方结合在一起时，彼此都抱持着改

◎ 红尘中的幻象 ◎

变对方的打算。

两个人都想改变对方来符合自己的标准,结果当然是两败俱伤。

年轻的恋人们,都习惯把自己的剧本,硬套在对方的头上,若对方的演出不合自己的意,就开始对骂吵架,不然就用高压政策控管对方。女的就一哭二闹三上吊,男的就用拳头,激烈点的就强拍裸照,散布在网络上,如果你不乖乖就范,按照剧本演下去,他就会恐吓杀你全家。

这类的社会新闻太多了,报道不完,这些人一直活在自己的幻觉假象当中,怎么也醒不来。你的伴侣是活生生独立真实的个人,不是你的奴隶、不是电视剧中的角色、更不是你爱情的附属品;太多人都是用这种肤浅无知的爱去爱对方,爱到最后只能以悲剧收场。

所以这种由执著产生的蜜月效应,其实是个悲剧的种子,但很多人都不管这些,先把种子种下去再说。

◎ 红尘中的幻象 ◎

只要有蜜月，相对的就有敌对的状态，前面提到过，当你尝过甜美的食物后，你要觉察到同一个瞬间，苦的味道已在等你；当你和某人相聚时，也早已埋下分离的种子，分离迟早会来临。

因已种下，慢慢经由时间的推演，时间到了，果就成熟了，分分合合、聚聚散散，这都是大自然的法则。蜜月越是甜美，表示你的执著很深，你的幻觉很深，麻药的药量很重；相对的，日后分离时，对你的冲击和折磨也会更大。

所以，有智慧的人，应该慢慢地随着年龄的增长，随着挫败的磨炼，去看透这些假象，蜜月效应本是梦幻泡影，对情人的期待，要慢慢苏醒过来，慢慢把执著幻觉拿掉，从此才能脱离苦海，清心自在。

◎ 红尘中的幻象 ◎

喝了一百杯水还是渴的人

如果我喝了一百杯水,仍感到口渴,那么,很明显地,问题的核心不在于水够不够多,而在于我自己的五脏六腑出了问题。

我以为我是口渴了,事实上,水不是我需要的,我只是用口渴来掩盖真正的问题和需求。因此,喝再多的水也没有用,我得到的只是喝水喝太多所引发的伤害和后遗症。就像中医理论所说的,当一个人胃的阳气受损,无法把水分运送到全身时,就会让人感到口干舌燥。

如果不明就里,又继续喝冰水吃冷饮来解渴,结果只会让胃中的阳气更虚,喝得愈多,反而更渴。恶性循

◎ 红尘中的幻象 ◎

环的下场，就是让体内阴阳失去平衡，百病丛生。

同样的道理，有些人需要别人来爱他，但是不管有多少人爱他，他都不满足。他永远无法在一段感情中安定下来，永远在追寻下一段感情。他的问题不在于有多少人爱他，而是他根本就在寻找不存在的爱人。

或者，有人沉迷于赌博，有人沉迷于喝酒，这些人总认为再赌几次，再喝几杯，应该就会满足了，但就像有人喝了一百杯水仍会口渴，不管再十次、再一百次，也一样永远满足不了他们的瘾。因为，问题不在于赌和酒，而在于他们自己内在的妄觉和执著。

有一次，佛陀到憍萨罗国的首都舍卫城游化，城里正在缉拿一位名叫鸯掘利摩罗的杀人魔，此人见人便杀，并将被害人的手指头串起来，挂在自己身上当饰物。

佛陀听了此事，便独自去找杀人魔。鸯掘利摩罗远远地看到佛陀一个人走着，当即拿起他的武器，朝佛陀追杀过来。但佛陀现了神通力，鸯掘利摩罗追了一阵子

◎ 红尘中的幻象 ◎

后，发现他怎么老是追不上，于是向佛陀喊道："停下来！沙门！停下来！沙门！"

"我早已停下来了，鸯掘利摩罗！是你自己停不下来。"

"你明明还在走，怎么说已经停下来了呢？"

"鸯掘利摩罗！我早已停下伤害众生的一切恶行了，而你还停不下来，继续在造杀害众生的恶业！"

这时，鸯掘利摩罗心想："我是在做坏事吗？为何我的老师告诉我，只要能杀满一千人，死后就能升天？眼前这位让我怎样追都追不上的人，一定是古书中描述的亿劫难遇的如来解脱者了。"想到这里，鸯掘利摩罗赶紧丢掉身上的武器，对佛陀说："世尊！但愿您能允许我跟随您出家当沙门。"佛陀答应了他的要求。

有一次，鸯掘利摩罗进城乞食，被人认出他就是过去的那一个杀人魔，城里的人纷纷奔走相告，许多人都向他丢掷瓦块、石头，也有人拿刀追杀他。结果，鸯掘

◎ 红尘中的幻象 ◎

利摩罗被打得头破血流，身上的衣服也被砍烂了。佛陀看见他这样狼狈地回来，便安慰他说："鸯掘利摩罗，遇到别人打你，你要忍耐啊！因为你现在所受的是之前罪业的报应，那是相当于几千年的地狱报应呢。"

衣服对女人而言永远都是少一件，某位女明星，迷上香奈儿的衣服，专买全世界限量发行的款式，疯狂地刷卡购买，有些都未拆封，就堆在衣柜间，直到信用卡账单累积的数字多到付不出来时，她才惊醒，不明白自己为何会做出这样的蠢事——沦为卡奴。

我有一位四十多岁、本性憨厚的朋友，去了一次风化场所后，就变得堕落了，不管亲朋好友怎么规劝，他就是无法自拔。最后抛妻弃子不算，连房子都卖了，老母亲也居无定所。十年后，某天我们偶遇，他告诉我，他终于"毕业"了，以后不会再受诱惑，已经回复到之前的样子。他已再婚，过着正常的婚姻生活。

有人一辈子栽在欢场女子手里，但我这位老实的朋

◎ 红尘中的幻象 ◎

友，终于在喝了一百杯水之后，从此不再口渴。这是可喜可贺的因果。我知道，他这一生中必定要经历这十年的痛苦过程，经过那段酸甜苦辣的生活，才能体会到切肤之痛，从中了悟。无智慧的人会指责他、排斥他，但有智慧之人却知道这是他的必经人生之路，是他的业力在牵引，才造成他会被莫名的驱力驱使做出这些行为。

如同一位法师所说："经历他！经历他！经历他！最后才能超越他。"人总是要去亲身经历很多功课，才能真正地从中毕业。

例如，我认识很多年轻朋友，因生活遇到瓶颈就跑到山上出家，或是父母从小就将小孩送去寺院。老实说，我认为这样做是违反佛法的本质的，没有经历做人的滋味，如何成佛？韩国影片《春去春又来》中，那位从小就待在深山的童僧，长大后遇见因病来求医的少女，身体自然而然地对少女产生不可抗拒的欲望，想去亲近她，老师父看见了也不阻止，之后小和尚就带着那

◎ 红尘中的幻象 ◎

位少女，背着师父偷偷下山了。几年后，少女爱上别人，小和尚愤然，失手杀了她，走投无路之下又回到寺庙。历经爱情的痛苦关卡后，他才看清爱情的本质是幻觉，他才能静心去走修行的道路。

其实，我们都和这位小和尚一样，对于未经历过的事情，常会心存好奇，心里总会想去试试看，等到亲身经历过了，才会发现，原来这些我们渴望的东西，并不如我们想象中的美好，原来一切都是我们的幻觉，这时我们才会觉醒。

只要是人，难免都会有自欺欺人的幻觉和妄想，在现实生活中，要解决这种无法满足的欲望，就得时时保持觉知，不要刻意去阻止你的欲望，不妨让欲望生起，但你要觉察欲望生起的感受是什么样的？是谁在受欲望的驱使去追求一些幻觉？当你保持觉知、把过程走完时，欲念就停止了，口也就不再渴了。

◎ 红尘中的幻象 ◎

白斑是
一封来自无常的挂号信

刚 过四十岁的某一天，我突然发现手臂上出现了一个小小圆圆的白斑，看起来很碍眼，和我的古铜肤色很不搭调。本来想去看医生，但又想不如再观察一阵子，因为，生老病死乃是最完美的自然规律。

我的身体出现白斑，等于是大自然发一个讯息给我，我的身体开始走下坡路，开始老化了，很多小地方将要出毛病或开始分解了，接下来，有一天身体老到无法运作，这肉身的任务也就完成了。有聚合就有分解，届时尘归尘，一切又回到大自然的怀抱中。

◎ 红尘中的幻象 ◎

老实说,这突如其来的白斑,真的让我有点措手不及。我曾一个人静静地注视这个白斑许久许久,心想该来的终究会来,虽然这白斑看起来很碍眼,旁人看到也会觉得我老了许多,情绪上当然也会受影响。但再仔细想想,这白斑也是人生的一部分,我不应该排斥它,我应该学会如何和它共处。因为,如果眼前我无法学会和白斑共处,后面接连而来的更多身体上的疾病和苦痛,我就更无法一一接受。

仔细端详这手臂上的白斑,除了想到老和死亡,也让我想到更深的层面:例如,皮肤是如何聚合而成这个肤色。人类在地球上像尘埃般活着,然而,在这小小的尘埃肉体中,却还有几十亿个细胞在呼吸、在工作,只要有一个小地方出了问题,美好健康的肤色就不见了,健康也不见了,或者器官失去正常的运作功能,生活和心情也全部要重新洗牌。

想到这里,更佩服佛陀的伟大,也惊叹佛法的精准

◎ 红尘中的幻象 ◎

深远。佛说一切色都是空，空不异色，将这些道理一一去现实生活中印证，果然是真实不虚的道理。

手臂上的白斑是如何形成的，我不知道，或许是某些黑色素细胞因为某些缘故消失或死亡了，我的肤色才会像水彩画被水冲掉一样，只剩下透明白净的图画纸。

到底这其中发生了什么问题，我真的不知道，我只能赞叹造物者的智慧和伟大，否则怎么能设计出这复杂的细胞运作模式？也因此，当我看到自己手臂上的白斑，才知道过去我认为理所当然的正常皮肤，原来中间也要经过很多复杂的运作程序，才会出现健康的古铜色。

佛家常说："人身难得今已得。"可见，我们的存在，是聚合了好几千万甚至好几亿个因缘，才能运作、才能活下去，这如果不是一项伟大的奇迹工程，那又是什么？

年轻时，自恃体力好，就经常熬夜、透支身体，等

◎ 红尘中的幻象 ◎

年过四十才发现体力愈来愈差，勉强熬一次夜，睡了两三天都补不回来。眼睛也开始老花，看近的东西愈来愈不方便。

尽管生活有点不方便，但人会老终究是事实，除了虚心接受自然律，我想，人也不应该去阻止这老化过程的来临。

事实上，白斑的来临不是坏事，白斑是一封信，一封提醒我生命无常的挂号信。当然，不同的人有不同的挂号信，有的人是意外伤害，有的人是生重病，有的人则是失去亲人。

虽然我们知道这个肉身是假有的，但活着就应该尽力去保护并照顾这个肉身，不要逞强也不要折磨它。因为，我们借着这肉身来到这人世间，必然有这个肉身该完成的任务。或许是借这肉身来修行，来感受、来经历春天的和风与冬天的冰雨，来体会生离死别的苦痛和不舍，来尽孝道，来教养孩子成为有用的人，来弘法或开

◎ 红尘中的幻象 ◎

启众人的智慧，或者完成对更多人更有益的事业。

总之，不管我们的人生任务是什么，我觉得没有必要为了修行，或是为了任何原因，去折磨或伤害我们的身体。

佛说要护生不要杀生，别忘了，你自己也是个生命，我们身体内的几十亿个细胞，也都是生命，也都有意志和记忆，都有求生护生的本能。因此，尽管我们立志要修行修心，但身体该有的营养，正常的作息和运动，与大自然相呼应的一切要素，有动有静，有阴有阳，都不能免。

不能鄙视或歧视，只注重精神和形而上的修炼，而把肉身当做臭皮囊，这样违反自然的修行，即使道行再高，也究竟不能长久。人要懂得护生，相对的，也不能太贪恋或执著于这个身体。

很多上了年纪的人，用高科技去消除白斑、黑斑或皱纹，或去把白发染成黑发。事实上，只要别太过于违

◎ 红尘中的幻象 ◎

反身体的极限，只要你自己高兴，做点小手术也无妨。问题是，有不少人把这外表的假象看得太重，一有小小的斑点或皱纹，就急着花大钱去打肉毒杆菌或动手术。

记得国外有位女艺人，已七十多高龄，整张脸仍然拉皮拉得像二十多岁的女孩一样，有时想想，人老就要有老样，人老了还是一张年轻女人的脸，不等于妖精？

还有一位外国黑人歌手，明明是黑人，偏偏要把自己的塌鼻子做成像英国佬一样又尖又挺，然后再想尽办法把自己漂白，似乎自己原来的黑皮肤塌鼻子是件很丢脸的事。听说他的假鼻子因为整形过太多次，经常在跳舞时掉下来或变形。

仔细想想，这样自欺欺人的日子，实在是无知至极的人才想去过。事实上，这两位外国艺人的身体和脸孔都没有问题，问题在于他们内心的执著，和对假象的贪求无厌。

我想，大自然对每个人都是公平的，很多人，包括

◎ 红尘中的幻象 ◎

这两位艺人，应该很早就收到大自然寄给他们的挂号信，就是那封提醒他们生命无常，肉身迟早会分解消失的挂号信。只是，他们选择把信撕掉，然后想尽办法让自己继续活在那个充满假象的世界中，想办法让自己不要醒过来。尽管通知他们生命无常的挂号信仍一直寄来，但他们就是视而不见，甚至把信箱拆掉，以为自己可以青春永驻，长生不老。

像这类执迷不悟的人，直到衰老至死，一定也无法好好地面对死亡，一定会堕落无间地狱中，永远受无尽的恐惧和焦虑折磨，万劫不复。

活着的功课，活着的最大意义，就是为了准备如何死。很多人以为死是最简单的，反正咽下最后一口气就走了，干吗要准备？

事实上，人在活着的时候，如果做了太多昧良心的事，又没有修行让自己看清世间的种种幻觉，死的那一刹那，你的我执和贪恋世间，会让你产生非常恐怖的意

◎ 红尘中的幻象 ◎

象和不安。这就是佛说的无间地狱。当你一直活在这种恐惧和焦虑中时,你的灵就无法得到安息,无法投胎转世。

因此,人生如能在世七十年,最好能尽早觉醒尽早修功课,等死的时刻到来,就是算总账打成绩的时候,成绩差的下地狱,下辈子可能不是人,成绩好的可投胎到好人家,继续修行。

人活着该做的功课非常多,相较之下,人生非常短暂,生死事大,尤其死亡,是以很快的速度一天天逼进我们,只要你稍微迟疑,嗖一下几年又过去了,修功课的时间就更少了。

看透这个道理,不论是白斑或黑斑,或是身体其他病痛来访,都是很好的挂号信,提醒我们时间不多了,要趁肉身分解前快快做功课,如果我们对病痛也有这样的态度,相信在死前的刹那,也会安心自在,无忧无惧。

◎ 红尘中的幻象 ◎

忧郁症，其实是进入涅槃的门票

烦恼即菩提。忧郁症，其实是进入涅槃的门票，只是很多人没有勇气去登记罢了！

烦恼是苦，但不见得是坏事。

烦恼可刺激脑部的神经细胞，激发出不同的思维，产生智慧。释迦牟尼佛也是因为看到生老病死，才离开皇宫，去寻求从苦海中解脱的道路。若他没看见人间的苦象，也不会出家成佛。

佛法告诉我们，烦恼即菩提，没有烦恼来敲门，智慧之门就没有机会为你开启。

◎ 红尘中的幻象 ◎

忧郁症，就是人们累积太多难以解开的烦恼造成的文明病。

事实上，处理烦恼的方式，应该是运用智慧将烦恼釜底抽薪，有多少烦恼，就有多少智慧来相对应。让烦恼消失，让智慧像抗体一样存在体内，等到下次有同样的烦恼入侵时，就可以用专门克它的抗体来消灭它，这才是根治忧郁症的灵药。

然而，现今很多人以为只要专心念佛号佛经，以为多诵经回向给冤亲债主，心中的烦恼就可消弭。这种做法无异是缘木求鱼，没有对症下药，或者只知道吃药的包装纸或塑料袋，而把里面的药丢掉一样，是无知且可悲的行为。

我有位朋友，学佛七年了，修行到最后竟然得了忧郁症。原因是他每天只是诵经抄经，将功德回向给他父母，然而回向次数愈多，他跟父母就争吵得愈凶，如此恶性循环。他一直想不透为何会这样，脑筋长久转不

◎ 红尘中的幻象 ◎

开，最后得了忧郁症。

没错，念佛抄经可以让人专心或暂时安心，但不能让人增长智慧，如果我们没有真正地去面对问题和烦恼，就永远找不到消灭烦恼的解药。

我那位学佛学到得忧郁症的朋友，没有去思考他与父母间真正冲突的问题点，彼此心结没有打开，念再多的经也只是自我安慰。例如，父母期望他能早日成婚，传宗接代，而他认为自己还年轻，希望多赚点钱再成家。双方的观点不同，自然会有争执。我这位朋友总抱怨佛法没有用，事实上是他误解了佛法，并非佛法有错。

我说过，真正的佛法就像药，我们却把药的包装纸当成药，拼命地吃，而把真正的药丢弃，结果愈吃病愈严重。

多年来，欧美投入大量人力和经费去研究忧郁症，研究的方向是从大脑神经方面着手，照脑部断层扫描、

◎ 红尘中的幻象 ◎

超音波等等，希望能找到引发忧郁症的脑部结构、神经传导束乃至于染色体。这么做只能治标不能治本，因为，那些关于观念和执著的基本人生问题依旧存在。

人心是个很奇妙的东西，科学家可以测出一个人快乐时的脑波和悲伤时的脑波有何不同，但科学家永远搞不清楚这个脑袋此时此刻正在想什么？就算科学家把每一个脑细胞都翻过来了，也找不到答案。

佛法告诉我们，烦恼来自于我们的幻觉和妄觉。我们以为一切都是真的，一切都是恒久不变的，因此我们会执著于自己拥有的一切，更害怕会失去一切。然而，这世间的一切都只是短暂且有条件的存在，当无常来临，而我们仍无法觉醒时，必然会觉得痛苦。

事实上，当我们在拥有某样东西的同时，也开始在失去它。拥有和失去其实是同一个东西，是一个事物的一体两面，我们不可能只知道拥有却不知道失去，拥有就是失去，失去就是拥有，只是我们的幻觉让我们看不

◎ 红尘中的幻象 ◎

清事情的真相而已。

近几年来,自杀者的年龄变小、学历增高,时下的年轻人被称为"草莓族",遇到小小的不如意、挫折,就怨天尤人,往死胡同里钻,进而困在烦恼中,不自我反省,不从问题的根本下手,以致拿自杀作为解决问题的方法。

有篇新闻报道,一位留美回国的硕士,回国后没多久,在家里自杀,留下一封遗书,自杀原因竟写到父母太早买房子给他,让他生活无目标,没有活下去的意义。

有个禅门公案是这样的。

有位将军问禅师,天堂地狱在哪里?禅师一言不语就走了。将军跟了过去,质问神师天堂地狱到底在哪里?

禅师瞪了他一眼,爱理不理地转身背对着他,将军耐不住性子,怒目圆睁拔起身上的配刀,就要向禅师劈

◎ 红尘中的幻象 ◎

去。禅师转过身来，笑着对他说："你现在就在地狱里。"

将军顿时恍然大悟，收起刀，双手合十，诚心向禅师认错，于是禅师告诉他："你现在就在天堂。"

地狱天堂只在一念之间，烦恼和智慧也是在一念之间。

烦恼不是坏事，忧郁也不是绝症，它们是报佳音的天使，它们是来敲门，告诉我们智慧来访了，智慧就在门外，就等我们想办法开启这道门。

然而，有些人不知如何去开这道门，有的人用头去撞，撞得头破血流，有的人用手搬起石头要把门打破，有的人用脚踢，结果都得了忧郁症。

其实，智慧之门只需一把钥匙，就可以轻轻地打开，这把钥匙就是——佛法。

我们去看演唱会需要门票，进入涅槃也要有门票，忧郁症正好就是这张门票，可以直通到涅槃的境界。只是我们都不知道，把这张门票当成烫手山芋，扔得老

◎ 红尘中的幻象 ◎

远，到头来只能被关在门外，想尽办法要进去，反而不得其门而入。

很多人在深山中听经念佛，自认为就是修行。虽然他长时间接受佛号的熏染，在佛寺里可以心境平净无染，然而一旦出了佛寺，看到别人闯红灯，他便又开始破口大骂。原本平净无染的心，被外在的事物一叨扰，喜怒哀乐的情绪便迅速滋生。

这样的修行，只是躲起来对红尘俗事眼不见心为净罢了，根本没有大智慧看透一切，没有真正的了悟。

光靠念佛号念经敲木鱼，是无法让你跳脱痛苦的，唯有找到智慧之钥，才能开启极乐世界的大门，进入涅槃的境界。

涅槃只是种心境，不是某个地方，没有坐标也没有具体形象。涅槃就像一面镜子，当你走近时，显示出你的相貌，当你离去时，你的相貌也跟着消失，一切如来如去，不沾染任何尘埃。

◎ 红尘中的幻象 ◎

如同六祖惠能大师所说：

"菩提本无树，明镜亦非台，本来无一物，何处惹尘埃？"

涅槃不在离地球几万公尺的地方，不在《阿弥陀经》的"极乐世界"里，就在你自己的心中。

要将烦恼转换成菩提，要靠智慧，智慧是由不断的修行而来。

我们心中的烦恼、执著和妄想，组装成一台叫做欲望的车子，我们的心每天被这台车牵着跑，它跑得愈快，我们的心就愈慌乱。事实上，有智慧的人，都知道只要将车子的一个小零件拆卸，车子就不能行走了，所以修行的第一步骤就是：将车子拆解成小零件，第二步骤则是：不要让我们的执著和妄想再组装第二台车子。

然而，人类的自我，是个很顽强的怪物，每当我们用智慧拆解了一台车，同时间我们的妄觉和执著，已经组装好了三台车，我们拆解了两台，自我又会加倍组装

◎ 红尘中的幻象 ◎

十台出来。因此，光学会拆解欲望之车，仍是不够的，仍是白忙一场。

唯有运用智慧之眼，让自己彻底觉醒过来，让自己用心眼看透我们所渴求的一切，原来都只是妄觉和幻象，才能真正平息心中的欲望。

当欲望工厂停了机，不再制造组装一台台的欲望之车。我们的心也才能真正宁静安详，从俗世的痛苦困境中解脱出来，进入涅槃，进入当下的自在无碍。

然而，这一切的过程，从心中充满各种期待和梦想开始，例如，渴望拥有财富，拥有美貌和学历，拥有至死不渝的坚贞爱情，拥有美满幸福的婚姻，拥有永远成长获利的事业，拥有房子，拥有名声，拥有青春不老的肉体和健康……到睁开心眼看透一切事物的表象，穿透表象看见内在的本质，发现一切都是空，都是假象，然后，勇敢的觉醒。这整个过程的起源，都要靠烦恼这个令人讨厌的东西。

◎ 红尘中的幻象 ◎

烦恼像一个闹钟,在你美梦正酣,享受名利、爱情和快乐时,突然铃声大作要把你叫醒。有些人醒来了,仍眷恋着梦中的一切,想要回到梦中又不可能,想要醒来又不甘愿,就在这半梦半醒间得了忧郁症。

事实上,烦恼是让我们觉醒的闹钟,忧郁症是带我们进入涅槃的门票。

因为,罹患忧郁症的人,做什么事都会提不起劲,以前觉得好玩的、可以全心投入的事情,现在完全没有感觉,失去动力,做什么事都不快乐,突然间活着没有梦想,没有期待,没有快乐,觉得世间一切都是假的,不能让人信任。爱情是假的,山盟海誓是假的,成功是假的,连自己的青春美貌或健康也是假的,甚至觉得自己的存在没有意义,想要了断自己。

从某个角度来说,对一切都提不起劲的忧郁症患者,和即将得道开悟的大师,就看待这个世界的态度上,是差不多的。同样看透一切的本质是假,同样不再

◎ 红尘中的幻象 ◎

执著或期待任何假象成真,同样感受到无常的力量无所不在,包括在自己身上看见无常渐渐地老化分解我们的肉体。

只是,忧郁症患者觉得这一切事实真相让他们感到恐惧和悲哀,而得道的修行者却是自在喜悦的。

这种境界,就好像忧郁症患者和得道修行者,坐上了同一辆开住涅槃的快车,修行者是高兴的,忧郁症患者却想跳车自杀。一旦到达目的地,修行者一下车就自然踩在涅槃的大地上,忧郁症患者却是一下车就掉入万丈深的地狱里。而这个地狱,正是他们自己的幻觉创造出来的。

事实上,一般红尘中的人,那些仍活在睡梦中的人,是无法搭上这班通往涅槃的快车的。有忧郁症的人,他们身上的忧郁症等于是让他们进入涅槃的门票,可惜的是,他们还不能从半梦半醒中觉悟,而错过了走向涅槃的机会。

◎ 红尘中的幻象 ◎

对于有忧郁症的朋友，我想说的是，你们都是很有慧根和佛缘的人，而且是非常聪明且敏感的人，才会得忧郁症。因为你们比那些活在梦幻泡影中的红尘男女，更能从俗世间的假象中，看见事物真正的本质。

例如，只要婚姻不幸福，甚至离过一次婚，你们就会发现原来婚姻这回事，从头到尾都是自欺欺人，婚姻绝不是想象中那样简单与美好，于是你们开始讨厌爱情和婚姻。

例如，你们被朋友出卖了、被人欺骗了，就会惊醒并看透人性，原来所谓的交情和感情，都只是人吃人游戏的伪装符号，人与人之间是充满利益和现实考量的，因此，你们也不再期待拥有知心朋友，开始自闭孤独，开始活在不平衡和不安中。

现实生活中有太多的不如意，有太多的烂事不符合你的期待，如果你不能把这些不如意和烦恼看做是来敲门的天使，那么你的崩溃和抓狂是必然的。

◎ 红尘中的幻象 ◎

相对的，如果你能趁着这些不如意来检视一下，为何自己心中的期待和渴望会和现实世界差那么多？那么，你就会发现自己的执著和妄想，才是逼你成为忧郁症患者的凶手。

醒来吧！忧郁症的朋友们，解药就在你自己心中，除此之外，没有任何中药或西药可以根治你的忧郁症。你最痛苦的时候，就是你觉醒开悟的时刻，你手上已经握着一张进入涅槃的门票了，接下来，要不要去登记，就由你自己决定。

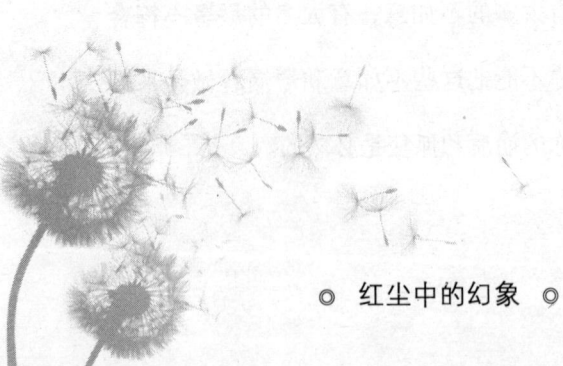

◎ 红尘中的幻象 ◎

佛，其实一直躲在我们体内

禅师说，神性无所不在，包括最简单的感官刺激或呼吸，这一呼一吸间的动力和机制，无一不是神的杰作。

如果我们故意憋住不呼吸，不到几秒钟，就会有一股神秘且惊人的力量，冲开我们的口鼻，强迫我们呼吸。这股力量就是神性，也可以说是佛性。

很多禅师，一旦有人问他什么是佛？什么是悟道？禅师都会回答，就在呼吸间。没有了呼吸，哪里还用问什么是佛这种问题呢？

例如，常被用来见证爱情的信物、令人爱不释手的

◎ 红尘中的幻象 ◎

钻石，它的成分其实是烤肉时拿来生火的炭；换句话说，钻石是炭的结晶体。换个角度来说，佛就像钻石一样，一直躲在由炭组成的我们体内，需要透过修行去除对外象的执著，用智慧洗刷掉长久附着于脑中的杂念、习气，再经过高压淬炼，乌黑的炭才能转化成钻石，晶莹剔透的佛性才能显现。

我认识不下几百个学佛的朋友，十有八九都认为佛是比我们高深有智慧的圣人，对于佛陀的修行，我们这些凡人是望尘莫及的，意思是说，佛和我们是不同世界的人。

事实上，佛并不是在我们之外的别人，我们都是佛，我们的内在都深藏着一个佛，只是我们的佛性尚未苏醒而已。

可悲的是，大部分人都不懂得这个道理，也看不清这个事实，因此，才会一直向外去追求一些荒谬的东西，例如仪式、法器或头衔，或者一定要得到某某人或

◎ 红尘中的幻象 ◎

团体的认证，才认为自己得到了佛性。

有一位老婆婆听人家提起，只要常念"唵摩呢呗弥吽"的咒语，就能获得大智慧，她就天天欢喜地念。不过由于不识字，所以她把最后一个"吽"字，念成了"牛"。

就这样，老婆婆为自己订下功课，每天要念咒语一百遍。她拿一大把豆子来计算次数，每念一遍就拨一粒豆子到另一边。最后，老婆婆的诚心，竟然有了神奇的感应，每当她念完一遍咒语时，不用自己动手去拨，豆子自然会跳过去。

老婆婆见了，心里欢喜万分，心想这就是念咒语带给她的神力。

有一天，外地来了一位师父听到她念咒语，就好心地指出她的"吽"字读错了，同时告诉她正确的读音。老婆婆一听，大惊失色，心想："完了！完了！竟然把咒语念错，那过去的心血，不全都白费了吗？"

◎ 红尘中的幻象 ◎

此后，老婆婆虽然不再把"吽"念成"牛"，但奇怪的是，那些豆子却再也不会自己跳了。

这位老婆婆是很有诚心的人，可惜她没有足够的智慧，去发现原来她自己就是佛，佛就在她心里。那个让豆子自动跳过去的力量，不是咒语的法力，而是自己内在的佛性，被她歪打正着地触动而醒，拥有了小小的神通法力。

只要一个人的信念集中，心无罣碍，自然会产生超越凡人的力量。这和有没有念对咒语不相干，只要够虔诚，念什么都一样，因为，触动内在佛性的不是咒语或经文，而是一个人的无我和当下无碍。

然而，很多修行者或平凡人，总觉得一定要穿什么衣服，戴念珠或抄佛经，或者一定要剃光头，才有信心去修行或面对困境。老实说，这些都是心中的不安和恐惧在作祟，只要有智慧，能看清佛就藏在自身内的实相，你就可以不需要依赖任何外在事物，让自己成佛。

◎ 红尘中的幻象 ◎

俗话说："学佛一年，佛在眼前；学佛二年，佛在半天；学佛三年，佛在天边。"意思是说，大部分人学佛时，内心对佛法的信心无法长久坚定，才会觉得离佛愈来愈远。

其实佛不曾离开过我们，你就是佛，佛就是你，只是这个内在的佛性，一直没被你发现而已。

我曾在《旷野的声音》一书中，看到人类的本来面目。

一名美国女医师把她在澳洲沙漠与原住民"真人部落"的生活，如实地记录下来，于是我们可以看到原住民是如何运用智慧在一个非常恶劣的地理环境下自在的生存，并与大自然维持一种特殊且和谐的生态关系。

当中令我印象深刻的是他们的沟通方式。肚子饿了，他们就地取材，看有什么就吃什么。一次，刚好有一群羊路过，他们的首领用眼睛和羊群对谈：我们肚子饿了，可否给我们一只羊，让我们生存下去。其中就有

◎ 红尘中的幻象 ◎

一只羊回答说：吃我吧，我生病活不久了，请不要伤害其他的羊。首领很守信用，只猎杀了那只羊。

这些原住民不需要彼此交谈，就知道对方的想法，就算相隔好几座山，也只需要用想的，就能知道朋友的近况，不需电话沟通，不需现场勘查，对方的情况直接传入脑中。就如我们所说的心电感应，更玄的说法叫神通，而对他们来说这只是个沟通方式。

真人部落里的原住民认为，人类空手而来，就应该空手而去，人要与大自然和平相处，这才是人类该有的生活态度。他们称生活在城市里的现代人为"变种人"，这个称谓指的是一种心态，而不是肤色或种族，它代表的是一种人生态度。

变种人是丧失或丢弃古老记忆和永恒真理的人。

我念大学时，教授曾在课堂上问过一个问题："你们可以一天不用电器用品吗？"当时我想，可能吗？两眼一睁便是闹钟、电灯、手机、电梯、冰箱、计算机、

◎ 红尘中的幻象 ◎

电视……样样都是电器,没有电器要怎么过日子?

然而,就是因为我们太依赖这些物品,才让自己失去原有的本能。

台湾大学的李嗣涔教授,曾经针对七至十三岁的儿童,研究"手指识字"这种特异功能。

研究结果证明,有些人天生具有这种能力,另外一些则能通过气功或不断的练习而学会。研究方式是先在纸条上写字,放入盒子内,让这些儿童去摸盒子。发现他们可以精确地说出纸条上的字,有位小朋友甚至不靠触觉,就可透视纸条上的字。

从这项研究可以得知,在我们自己身上存在着很多不被发现的潜能,有些潜能已被外在的科技产品所抹煞。

在电视还未普及时,家中只有一台电视,一家人还会一同吃饭聊天,父母也可借此机会了解孩子。现在则是一人一台电脑,虽然住在同一个屋檐下,却各过各的

◎ 红尘中的幻象 ◎

日子，没有沟通的机会。

结果是家人间只要稍有意见不合，就闹得要开煤气自杀，不然就是把亲人当成在线游戏里的怪兽，拿刀猛砍。

现代人因为心灵很空虚，就想利用外在的物质诸如房子、财富、车子，乃至宗教，来抚平心中的空虚。

不停地追求，想尽办法满足幻觉的需要，愈是追求心理满足愈空虚，拥有愈多，心里愈不安定，害怕一切终会消失不见。

其实是我们拥有太多，才使得心中无法得到平静自在，让自己身陷苦海。因为拥有了，才会产生害怕失去的恐惧。

很多人花了很多钱和心思，到处去找上师修行，却万万想不到，他拼了命追求的东西，原来就在他们自己体内，就在他们的呼吸间，就在身上几十亿个细胞的呼吸和彼此间复杂神奇的运作里。

◎ 红尘中的幻象 ◎

他们都没有想到，即使是一个很简单的呼吸动作，也需要脑干和神经系统、心肺系统、循环系统、内分泌系统、肌肉和口鼻皮肤等众多因缘的整合，才能完成。光是呼吸，就需要全身所有细胞和器官的合作；光是呼吸，就是一场不可思议的神迹演出。这不是佛性，不是神的力量，是什么？

很多得道的禅师，老早就告诉过我们，什么是佛性？什么是涅槃？其实，这些境界从来没有离开过我们，他们就在当下，专心安心全心地活在当下。

去观照当下的一切因缘，每个瞬间，某些因缘聚合了，形成某种现象或让你有某种感受，同时间，某些因缘又分解了，原来的现象或感受又不见了。如果你能观照到这么细微的境界，自然就会发现甚至习惯万物无常，不停流转变幻的实相，也就不会去执著眷恋那些人世间的种种假象。

财富、地位、名气，别人对你的赞美或批判，乃至

◎ 红尘中的幻象 ◎

于珠宝、股票、名车和豪宅，一切的一切都是假的，都是暂时的，都是很多因缘或很多条件，在某个时空下聚合而出现的假象。只要这些因缘条件中，有一个小小的零件或条件不存在了，一切的幻象就会像泡沫般，啪的一声消失在空气中。

就像刚刚做的一场梦，就算梦境再真，但梦就是梦，永远不是事实。

如果你能用智慧看到眼前的一切，都是因缘暂时聚合而成的假象，包括你的呼吸，你的情绪和欲望，那你自然不会逼着自己去追求超出你能力之外的那些贪念。

如果不能看透贪念原来也只是空，那么，有那么多人不顾后果地先刷卡买名牌或买车子，或先买珠宝讨女友欢心，事后才来后悔，这样愚蠢荒谬的剧情一再上演，我觉得也是很自然、很正常的。

修行，是一种向内探索、向内发现实相的功课，不需要在外面做形式上的装潢或仪式上的演出。

◎ 红尘中的幻象 ◎

当然，有很多人觉得外在形式上的装扮和仪式，可以让他们感到舒服，让他们沉浸在一种清净无染的气氛中。那也无妨。佛陀从没有规定修行一定要具备什么样的装扮和仪式。

重点是，我们是否有向内探索或观照那个藏在我们身体中已经百年甚至千年的、封存在我们潜意识底层幽暗角落的"佛性"？

如果我们所谓的修行，只有形式没有向内修，那么不管我们外在装扮和仪式是如何的庄严，充其量，也都只是在演一场自欺欺人的戏罢了！

修行学佛，探索佛性，过程不难，最难的是要找到对的方向和起点。如果一开始就对目标产生错觉，以为佛性或涅槃是在我们身体以外的某个地方，那么，即使你托钵十万八千里，即使你走到月球、走出太阳系，也找不到佛性和涅槃。

这种困境，好比你要去美国，却被人误导，误以为

◎ 红尘中的幻象 ◎

美国在非洲的南部，好不容易到了非洲却找不到美国。更有甚者，以为非洲南部就是美国，以为美国人原来是一群披着兽皮的土著，从此深信不疑，到死都深信美国人就是这副德性。

这种观念上的谬误，就好像有很多善男信女，被人误导，误以为烧香拜佛，或是花钱去放生去盖寺庙，捐光明灯或香油钱，就是在修行。他们以为花愈多钱干这些形式上的傻事，将来死了以后，就可以优先到极乐世界或西方净土去挂号，等着住 VIP 房。

可怜的无知众生，到老到死都还不知道，他们根本就走错了路，而且是一条离涅槃愈来愈远的路。

老实说，佛法不是个复杂的课程，要在浊世中解脱很简单，只要摒弃对一切梦幻泡影的执著贪恋，集中全身所有细胞的精神能量，全心全然地活在当下，你就能看见自己体内的佛。

从此，你不需要再向外寻找佛，你可以安心无惧，

◎ 红尘中的幻象 ◎

祥和宁静地，像佛陀那样安住在每个当下，远离颠倒梦，度一切苦厄。

谈到这里，我忽然想起一个故事，有位修行者花了很多功夫苦修，仍找不到神，他向老天抱怨："GOD IS NOWHERE！"意思是说，神根本不存在。

直到有一天他有了孩子，孩子会开口说话识字时，看到修行者在墙上写的这句话，随口念道："GOD IS NOW HERE！"这一瞬间，修行者像被五雷轰顶般开悟了，原来，神无所不在，神在你我身上，在每个人体内。

现代人，包括那些矢志修行或自称修行的人，都有或多或少的精神失衡或焦虑症，大家都忘了生命原来的天真单纯，都忘了要赞叹我们的存在是一个宇宙中难得一见的奇迹。

大家都开始计较生命的投资报酬率，包括修行者，如果某位老师教他的不够多，或他跟在某位老师身边一

◎ 红尘中的幻象 ◎

阵子后仍没有进步，他就开始焦虑，开始失去信心，每天想着过去和未来的种种，忘了"活在当下"这个本能。

没错，活在当下是个本能，有机会应多观察小狗小猫或小孩子吃东西，那种专心，那种全神投入，整个人陶醉在吃这个"当下"。他们不会在意别人的眼光，他们也不怕自己脸上沾满菜渣或饭粒，这种全身心投入、这种忘了自己和别人、忘了过去和未来的状态，就是当下。

你我也都一样，年纪很小时，都拥有过这样的本能，但长大后，爱面子爱漂亮，或是压力太大想太多，慢慢地，我们失去活在当下的本能。

然而，小孩子的活在当下，是没有察觉力的，他们不知道这一切都是有条件的暂时聚合，等长大后，自然就会执著贪恋那些美好的东西，就开始会有得失心，有贪婪和焦虑。

◎ 红尘中的幻象 ◎

修行，只是要教我们再次学习活在当下，要我们再度找回失去的本能和天真。只有时时刻刻保持觉知的状态，清楚地知道自己在干什么，不再堕入那个迷失自我、迷信幻象、以假为真的浊世意识中，这才是真的活在当下。

东方人是很早就提倡活在当下的民族。然而反观现在，东方人忧郁症和自杀率愈来愈高，相对的，欧美人士反倒早早养成一种习惯，一旦钱赚够了、该做的工作做完了，他们就放下一切，去度假旅行，全心专心地去做他们想做的事。

让自己活在当下，没有过去，没有未来，没有焦虑，也没有恐惧。

很讽刺的是，东方人钱赚够了还要再赚钱，因为他们的内在恐惧是个无底洞，今天赚到钱了，就焦虑地想明天后天的钱在哪里？恐惧和贪婪成了主人。

可怜的东方奴隶，总要等到年纪老了、身体也搞坏

◎ 红尘中的幻象 ◎

了，才把赚到的大把钞票拿去捐给寺庙或放生办法事，来自欺欺人安慰自己。这样的人生，不啻于一直活在无间地狱里，何苦来哉？

佛性无所不在，我们自己就是佛。如果佛是钻石，我们就是还未经过高压淬炼的碳矿石，不要妄自菲薄，不要一直向外索求，你要的东西在家里面，不在百货公司或者寺庙道场里。

修行是修心，不需要花钱，更不用剃光头向别人或木头偶像下跪，甚至不用强迫自己吃素或禁欲。修行是很自然的，成佛也是很自然的，太多人为的做作和压抑，都是违反自然的，也违反人性，人都做不好了，就更别谈成佛了。

◎ 红尘中的幻象 ◎

没有慈悲心的出家人？

读 小学四年级的儿子，回家吃晚饭时，向我抱怨，今天早上升旗时，学校来了一位出家人（应该是法师，但小孩子不懂得如何称呼），站在台上说一些母亲节该孝顺母亲的话。这位出家人说，学佛的人是慈悲的，结果他一说就是半个多小时，害得我儿子他们站在烈日下一直被晒。

我儿子说这个出家人自己站在台上有遮阳板挡着太阳，却叫全校小朋友站在烈日下半个多小时，真不知道他的慈悲心到底在哪里？

听完了儿子的抱怨，不知是要哭还是要笑，小孩子

◎ 红尘中的幻象 ◎

纯真的反应，其实是最直接的，虽然童言童语，不懂得礼貌和尊重出家人，但据儿子所说，经过这次事件，他们班同学都对出家人没有好印象。

老实说，我实在不知道校长在哪里请来这位出家人，我想校长的出发点是好的，但却没有达到预想的效果：一来这位出家人的演讲内容据儿子所说很没意思，台下根本没有人在听；再者一讲就是半个多小时，很显然这个出家人也没有什么营销概念和智慧。

如果我是那位出家人，我一定站到台下和小朋友一起晒太阳，当我感觉被晒得很热时，应该就知道小朋友一定比我还难过，就应该尽快结束演讲；再者，演讲内容一定要从小朋友最感兴趣的话题切入，他们才会竖起耳朵来听你讲些什么。

结果，这位出家人故意为善，反而让小孩子用很简单的逻辑，判断出家人其实是没有慈悲心的，他们的慈悲心都只是用嘴巴说说而已，或许这个出家人想借机弘

◎ 红尘中的幻象 ◎

法，结果反而破坏了佛家的形象。

聊天时朋友曾说，有一次，在菜市场看见一位年纪很大的和尚，买个青菜却站在菜摊前挑了半天，嫌东嫌西的，一定要选很漂亮的菜才肯买。

还有一次，也曾在火车上，看见一位小朋友去倒一杯茶，正要走回座位时，火车突然刹车，害他把水泼到旁边一位出家人身上，这位出家人竟然对小孩子破口大骂。

我当记者时，曾认识一位很有名的法师，他的道场很豪华，他的公关技巧也是一流的，他的信众很多，后来传出他跳票不少钱，并就此失踪了，老实说，到现在我还想不通，所谓的法师，为何还需要用支票？而且还会跳票？

我举这些真实案例，并非要打击或诋毁佛教界，但对平凡大众来说，实在有愈来愈多的人，对出家人的修行质量感到疑惑。

◎ 红尘中的幻象 ◎

当然了，并非所有剃光头或穿袈裟的人都是出家人，但连很多有名有号的法师也经常做一些自相矛盾的事，教大众如何不去质疑佛法和出家人到底是为什么？

出家人和慈悲不能画上等号。事实上，这是一般人对出家人的误解。因为，出家人的慈悲，也不等于一般人所认知的慈悲。

修行固然是个人的事，不需要剃光头穿僧服或冠上一个法师名号，然而一旦你做了这些专业且带有宗教色彩的包装行为，就要考虑到大众的观感。好比一个人穿了警察制服，就不能随便丢垃圾或闯红灯一样。

这个社会之所以乱，实在是因为很多人在做很多事时，都没有运用智慧。如果这样的矛盾困境再没有人觉醒，相信，我儿子口中所说的没有慈悲心的出家人，会愈来愈多。

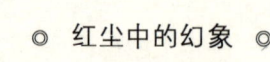

◎ 红尘中的幻象 ◎

先学会做人，再谈成佛

佛字是"人"加"弗"所组成，意思是非人，要先会做人，修完人的功课，才能成为非人，如同太虚大师所云："人成即佛成。"

普天之下所看到的佛像，皆是由人想象佛的相貌，再用雕刻或丹青描绘出来的。不同朝代、不同种族，佛的相貌即有相异之处，如唐朝和宋朝佛像不尽相同。由此可知佛的形象会因人的不同，而有不同的表象。

佛的形象是人所想象出来的，那为何不朝自己的相貌拜，而要去拜幻象呢？因为你不喜欢你自己，嫌鼻子不够挺，眼睛不够大，眉毛不够粗，嘴型不够美……

◎ 红尘中的幻象 ◎

佛经说，佛的相貌有八十种好，为何自己的脸和佛差那么多呢？因为我们没有修，没有端正自己的个性、脾气、想法、观念……所以去找面相师算命时，面相师看你的面相，就知道你的命盘，不是他算得准，而是从你脸相、眉相、鼻相、嘴相、耳相、骨相，就能看出你的个性、观念，推敲出你的未来。是你自己的脸告诉了面相师答案，而不是面相师有天眼通，能看到你的未来。

很多人很喜欢去算命，算完命就想转运。俗语有云："相由心生"，事实上，只要你的观念、想法改变了，命就会跟着改。

有个故事是这么说的：某个国王娶了一个王妃，因王妃相貌不漂亮，国王怕丢脸，不敢带她出门见客，王妃很难过，每天躲在房里暗自伤心。有一天，一位智者告诉王妃，只要每天拜佛，见人就微笑，不生气，好好对待下人，你的面相自然会改变。王妃乖乖听从智者的

◎ 红尘中的幻象 ◎

话,照实修为。

过了一年,某天国王的朋友们纷纷要求,今日必定要一睹王妃风采,不然就不回家。国王挡不住朋友的要求,只好勉为其难,请王妃出来见客。王妃一到,在场的朋友们争相称羡王妃的美貌,犹如天女下凡,国王觉得纳闷,转头看,发现王妃变美了。等朋友回家后,国王问王妃,你的相貌怎么变了,王妃这才将智者教的方法转述给国王。

智者只是将做人的基本原则、养生之道告诉王妃。拜佛是让王妃运动,促进血液循环,身体自然健康。对人好是做人的基本原则,保持心情愉悦,脸就不易长皱纹,怨气不集于胸,气色就好,精神就好。以微笑带人,也是一种布施,是为自己积福德,你对人好,别人也会对你好,大家和睦相处,磁场会改变,面相也自然跟着改变。

所以,想要跟佛一样的相貌,你就要学做佛。

◎ 红尘中的幻象 ◎

不知你是否曾想过，妈祖、观世音菩萨、释迦牟尼佛……他们其实都是历史人物，何以能被人供在案上，受人膜拜？那是因为他们大公无私的德行，能够舍己救人，令人景仰，肃然起敬；原因是他们懂得做人，处处为他人着想，放下我执，不仅关心自己的父母、兄弟姐妹，还把自身奉献给需要他的人。就像妈祖不单因为哥哥的船只未回，才在码头提灯照明，也为未归的船只，不辞辛苦地在码头守候着。为表扬妈祖的大爱精神，后世尊称她为天上圣母。

但很多人为了学佛，抛家弃子，甚至连父母都不顾，执意要剃度入山，这跟陈世美类的负心汉有何不同？理由不同而已，做法不都一样，名称比较好听，叫出家，其实都是不负责任的人。

十年前，中台禅寺的剃度风波，成为宗教界重大的新闻事件，加上某明星的妹妹也是其中一位，让这件新闻更加引人注目。中台禅寺举办一次夏令营后，竟有四

◎ 红尘中的幻象 ◎

十多位女大学生集体剃度出家，事先家人并不知情，后因孩子失踪不归，赴禅寺寻找，方才将此事披露出来。父母上门找人，孩子称父母为施主，让父母们痛心落泪。含辛茹苦把孩子养大，供她念到大学，现今竟然六亲不认，父母情何以堪？

这件事令我联想到一个故事：相传有一个非常不孝的人，平时对母亲百般虐待，甚至殴打他的母亲。一天，这个不孝子想到南海普陀山礼拜观世音菩萨。因为他不识路，于是便向人问路。

他问："请问南海普陀山在哪里呀？"

路人反问道："你去南海普陀山做什么？"

他说："我去南海普陀山拜观世音菩萨。"

路人说："南海普陀山并无观世音菩萨。"

他说："那观世音菩萨在哪里呢？"

路人说："观世音菩萨就在你家。"

他说："在我家？没有啊，我们家哪来的观世音

◎ 红尘中的幻象 ◎

菩萨?"

路人说:"有啦,你回家便可见到。"

他说:"可是我并未见过观世音菩萨长什么样子呀!"

路人说:"你回家会见到一个衣服穿反了,鞋子也穿反了的人,那人便是观世音菩萨,你得礼拜她哦!"

不孝子深感奇怪,家里哪来衣服穿反了,鞋子亦穿反的人?没有这样的人呀!但是路人明明说,去南海普陀山遇不着观世音菩萨,得回家才遇得着观世音菩萨。于是他便回去了。走到家时已是半夜,他便敲门等母亲来开。

母亲因过去常被儿子打,心里非常畏惧,生怕动作慢了又要挨打,于是匆忙起床穿上衣服、鞋子,三步并作两步赶去为儿子开门。门一开,儿子见到眼前这位衣服穿反了、鞋子也穿反了的人,以为是观世音菩萨,便立刻向她下跪,抬头一看,发现她便是自己的母亲,原来母亲即是观世音菩萨。

◎ 红尘中的幻象 ◎

人总是缘木求鱼，忙着去修表相的法门，每天跑道场，听到哪家寺院念佛有感应，就跟着去念佛；哪家寺院办法会，就去参加；哪里办放生，也跟着去。家事不做，饭也不煮，小孩也不去接，最后搞得家庭破碎，离婚收场。这不是在修行，这是在造业障。

人都不会做，怎么学做佛？

有个朋友，接触佛教已有十多年，他曾是大公司的股东之一，还被派到上海工作，月薪十多万。因看尽人生百态，不想在这红尘中翻滚，遂辞去工作，想认真修行。刚开始他是信奉藏传佛教，还曾到过西藏见过大宝法王，每天持咒几万遍，他跟我说这是他每天必修的功课，要先积点功德，才有资格学佛。三年前到他家里拜访，他已改信净土宗，家里放置一台念佛机，二十四小时不断播放佛号，还给我几片法师讲经的光盘，嘱咐我台湾未来会很惨，要快点修行。

一个月前，听其他朋友说，他最近因离婚的事，搞

◎ 红尘中的幻象 ◎

的心情很糟，不敢一个人在家，住在他大哥那里，好像得了忧郁症。

乍听到时，不知说什么才好。他个性很开朗，热心助人，是个开心果，人缘很好，看他学佛也学的很自在，他和他妻子本就聚少离多，怎会因离婚得了忧郁症？说到底，还是看不破世间所拥有的人事物。

学佛的深浅不在于时间的长短，而在于你是否下对地方修行。向外求法，不管修几世几劫，也只是在原地踏步，跳不出六道轮回。唯有向自己内心修行，从现实生活的细节做起。

先做好人的角色，时时修正自己的行为、看法，先尽自己的责任，例如，照顾好家里的老人或小孩，在工作上尽本分，然后，学习对外在事物不再有起心动念，不会感到特别悲伤或欣喜，平心静气地对待周遭的人事物。拥有了这种心境，你就达到了佛的境界，你就是佛，佛就是你。

◎ 红尘中的幻象 ◎

第三篇

你我都只是
　　万丈红尘中的幻象

天不从人愿，才是公平的

我们常常可以听到，有人只要遇到不如意的事，就责怪佛、菩萨不肯帮助他，埋怨老天捉弄人。而我要问，老天为何不从人愿？答案很简单：天不从人愿，才是公平的。

试想，这世上每个人都有各自的需求，我要的，你也要；他喜欢的，她打死不乐意。若天从人愿，那世间岂不大乱了？所以，老天让每个人都能自由地去追求自己想要的生活，却不保证你一定可以实现自己的梦想。事实上，天不从人愿，是上天给予世人破迷开悟、顿悟成佛的最佳机会。

◎ 红尘中的幻象 ◎

佛经中有一段记载，在佛陀时代有一位鬼子母，她有很多孩子，据说有一千多个，但是她每天却以吃别人家的孩子维生。佛陀见状，为了度化鬼子母，便将她最疼爱的小儿子藏了起来。

鬼子母发现她的小孩不见了，心里非常着急，发了疯似的到处寻找，边找边哭，却是怎么也找不到，终于她跑去找佛陀帮忙。

佛陀问她："为何哭得这么悲伤？"

鬼子母回答："因为我的小孩走丢了。"

佛陀反问她："你有一千多个孩子，少了一个有什么关系呢？"

鬼子母回答："每一个孩子都是我的骨肉，比任何宝物，甚至比我的生命还要珍贵。少了一个，我就已经没有活下去的勇气了！"

佛陀反问："你丢了一个孩子就这么痛苦，那别人家的孩子被你吃掉，岂不是更痛苦？"

◎ 红尘中的幻象 ◎

鬼子母听了，十分惭愧地说："佛陀，我知道错了。我现在终于体会到失去孩子的悲痛了。只要我能找回孩子，从今以后绝不再杀害其他的孩子。"

佛陀放回鬼子母的小孩，鬼子母便皈依了佛陀，发誓保护天下所有孩童，成为儿童与妇女的保护神。

若非亲身感受到失去孩子的痛苦，鬼子母不会觉悟自己做错了事情，也不会成为儿童与妇女尊敬、膜拜的神。失去让我们懂得珍惜，无常才能让我们有脱胎换骨的机会。

许多人遭逢不如意，不论是生病、事业不顺、婚姻失败等，一旦发生变故，常会生出"人生无常"的感慨。却没有顿悟到：老天就是要借由这些事情，让你认识"无常"，了解人世间的实相。

可叹的是，一般人却不知把握良机，只会怨天尤人，或是想借助外在的力量，化解自认为不好的运势。

我想起有位朋友，常感叹自己际遇不好，到最后，

◎ 红尘中的幻象 ◎

却感念这段不如意的过去，带领她找到人生的目标。

她大学刚毕业时，应征到一家远景很好的科技公司，却因为当时心高气傲，想找更好的工作，因此放弃了这次机会。偏偏，命运就是那么奇妙、这么无常，从那之后，她投出去的简历都是有去无回，再也没有大公司找她面试。她在家中沉寂了一年，然后展开了一家换过一家的职场漂泊生活，五年之间，她换了不少工作，也曾低潮到找不到活下去的理由。

然而，这段不如意的经历却让她接近宗教并饱读诗书，从自身观念下手，重新检视自己。数年后再遇到她，她已成为心理治疗师，整个人充满自信，很高兴地跟我说："我终于找到自己了。"

武侠小说里，要成为武林盟主就必须打败天下无敌手。因此武林高手们浪迹天涯，走遍大江南北，为的就是要找到高手比试武功，好知道自己的武艺究竟到达何种境界。同样的，修行者也是如此。

◎ 红尘中的幻象 ◎

道理谁都懂，也都会说，只有真正遇到困境时，功夫到不到家——是成为刀下冤魂，还是真正破迷开悟，即可见真章。因此，天不从人愿，是给修行者的最好的礼物，是修炼成佛的至上心法。

　　最近看到一则新闻报道：四年前，某大学校园情杀案的涉案人洪晓慧，被判刑十八年，她在狱中表现良好，还利用时间教授狱友们英文。洪晓慧说："是这里的生活改变了我，以前的我凡事都只想到自己，现在比较会设身处地为人着想。"

　　洪晓慧对自己的所作所为，感到悔恨不已，服刑期间十分低调。狱方原本也十分担心她会不适应，但从她在狱中的表现，管理人员肯定她已经走出杀人阴影，学会如何重新面对自己的人生。这正是佛陀所说"放下屠刀，立地成佛"的最佳例证。

　　由此可知，让人们陷入苦海的主要因素，是我执、是自己，倘若能放下"我"的存在，苦也将消失。

◎　红尘中的幻象　◎

当邻居的小孩因考试没考好，被父亲拿着棍子满社区追打，你会觉得痛吗？听到同事被老板骂，你会觉得委屈吗？南亚海啸、印尼大地震，无数的家庭破碎了，你会觉得痛不欲生吗？

是的，我们会同情，会升起怜悯之心，但是不会感到切肤之痛。因为被打被骂、被迫失去亲人的主角不是你。没有"我"的存在，就感觉不到痛苦。

同理，困境来时，若你视自己为主角，扮演其中的"苦旦"或者被迫害的对象，你就会演得很痛苦，会感到痛；若你把自己当成正在看这场戏的观众，就会看见"苦旦"之所以招来厄运的原因。

从这个角度去看事情，就不会陷入情境中，更不会有痛苦，也才能从现实生活中挖掘出智慧来。正所谓："旁观者清，当局者迷。"

小时候，老师总是叫小朋友画"我的家"，于是你在图画纸上先画一个房子，再画上爷爷、奶奶、爸爸、

◈ 红尘中的幻象 ◈

妈妈、哥哥……人们那我执的心就是如此，我某某人，要有财富、地位、名望……当你把想要拥有的世间事物一件件画在心上，就开始按照那个图案、画面追寻，一追寻就有人事物出现，引发喜怒哀乐的情绪，于是有顺境逆境的差别，有地狱和极乐的境界。

《华严经》告诉我们："心如工画师，能画诸世间。"

这些林林总总的万事万物，其实，都是由我们自己的心念所画出来的，就像你画出来的"我的家"，是虚假的，里头的爸爸妈妈不会和你说话，它只是一张画。

世间的事物，也只是你幻想出来的，但是无知的人们却把它当成真的，进而受到它的控制。事实上，人们只要懂得让心念停止幻想，不再作画，不会追寻，就能脱离自身所画的苦海。这时，你会发现，原来自己跟佛陀一样，也是佛，也可以无忧、自在。

◎ 红尘中的幻象 ◎

金刚经说，
人生只是一场游戏

读了好几遍《金刚经》，直到这几年，我才看懂《金刚经》真正想说，而没有说透的一句话，那就是：人生只是一场游戏，不要著相，只要你能不著相地玩下去，所有的游戏都是好玩的，也不会有苦和恐惧来折磨你。

这话的意思是说，佛就好像是大人，带着我们这些还处在儿童状态的凡夫去游乐场。每玩过一样好玩的，小孩子总想再多玩几次，于是赖着不肯走。

佛陀告诉小孩子不要执著于一样游戏，于是小孩子又哭又闹，终于心不甘情不愿地走向下一个游戏；然

◎ 红尘中的幻象 ◎

后，同样的，玩完了下一个游戏，又赖在原地吵着要再玩一次。

就这样讨价还价、走走停停，等到游乐场里所有的游戏都玩遍了，准备要回家的时候，小孩子更是抱着游乐场大门的柱子不放，要死要活地耍赖哭闹，总之是不肯离开这个好玩的游戏场。任凭佛陀一再解释这个游乐场是假的、只是个梦，小孩子仍旧听不进去。

这个游乐场，在小孩子眼里，是真实不虚的天堂，在里面永远是那么的快乐。但是在佛陀的眼中，这个游乐场是人建造出来的，要玩各种设施就需要成本、需要电，里面的员工也要下班，再好玩的游乐场夜深了也得关门休息，白天到了再开门。

在佛陀心里，清楚地知道这座游乐场是很多因缘聚合而成的假象，因此，他不会执著。但是凡夫俗子或小孩子，却执著于这些假象，总以为游乐场会永远存在，永远为小孩子开放。

◎ 红尘中的幻象 ◎

孰不知，世间有形之物，皆有其有效期限。几个月后，当小孩子再次来玩时，或许将发现这座游乐场已变成废墟。

上天只是造人，我们自己的心却造了一座游乐场。

其实，对这个世界来说，一切都只是一场游戏，我们生，没有"多"出来什么；我们死，也未曾"少"了什么。

在这场游戏中，上天设定了我们的生存模式，于是我们争夺、掠杀，吃掉其他有机物，然后活下去，再继续掠杀、吞食，最后死亡。

然后，有一天，我们同样的被别的有机物吃掉，或者能量分解后融入大地，最后被宇宙吞食。

我们活着不曾吃掉什么东西，也没有得到什么东西；我们死亡，也不是失去什么。因为，本来一切就来自尘土，死也只是回归到原来的状态。

就像台风来时水涨船高，暴风平息后大海退潮，一

◎ 红尘中的幻象 ◎

切又归于原点。

万物都是这样，出生，茁壮成长，衰老退化，然后灭亡。

我们掠杀生物，来让自己有足够的能量活下去，这种模式是上天设定好的，千古不变，能有什么意义？你不觉得这就像玩大富翁游戏，不管你赚了多少钱、盖了几栋房子，一旦游戏结束，全都变回一堆废纸，带不走，更花不掉。

我想，上天设计这个游戏的目的及重点，应该是要我们从过程中去体验学习一些课题，而不是要我们去赚大钱，吃更多的东西，甚至以为自己"占有"很多东西，不论是财富豪宅、名誉声望，还是夫婿妻儿。

从本质上来看，我们想拥有一切的贪婪心，和吃任何生物没有什么两样。但我想我们要学的是，不要太贪心。我们可以拥有我们想要的东西，但不要太贪心、太执著、太浪费、消耗太多资源。

◎ 红尘中的幻象 ◎

因为，总有一天，我们自己也会被某种东西吞食或消耗掉，就像我们消耗别人或其他生命一样。这就是游戏规则和程序，这是命运的游戏。

透过意志力或精神力和宇宙的生命力，聚合了世界的物质或分子，形成一个复杂又精密的生命体——我，但这不是常态。就像海洋上由冷热空气的对流形成的台风，它的威力很强，无人可挡，唯一的弱点，就是它并非常态。

台风只是种种因缘和合下的产物，等其中某个因缘或条件消失，它也就消失了，无论它之前有多么强大。

整个地球，整个世界的万事万物，不论有机无机，都遵循着这样的法则，没有人可以逃出这个游戏，也没有人可以改变游戏的规则。

有人用抗生素或西药来喂猪牛或鸡鸭，想借此提高产量，结果造成这些猪牛鸡鸭体内的病毒或细菌产生抗药性，不但杀不死，还通过细胞的学习机制，变种成更

◎ 红尘中的幻象 ◎

强大的病毒，甚至可以适应人体的环境。

于是，原本只能生存在猪牛鸡鸭体内的病毒和细菌，也可以在人体内存活，造成大规模的传染病。

克隆人的出现，也是企图想偷回一些游戏规则的设定权。但即使克隆人成功出现了，人类不但不会有好处，反而会有更大的灾难。

因为，人生在世，其意义和目的不在于要你去当上帝，而是在于体验这些过程，在于学习人生功课。尤其是我们的身体，其实和我们贪求执著的财富名利一样，都是这个地球上不增不减的材料做成的。

这个世界一直都是用同样的材料，制造出很多角色和场景，让我们不停地在玩"生命"和"生存"的游戏。

一切都只是游戏。

既然是游戏，就表示你我什么东西都带不走，因为你我也都和其他有机无机物一样，都是用相同材料做

◎ 红尘中的幻象 ◎

成的。

执著于拥有，就好比沙滩上用沙子做成的沙人想要占有用沙子堆成的城堡一样，可笑又荒谬。

沙人并不知道，只要一阵大浪，这些城堡就会全部回归到原来的状态——只是沙滩上的沙子，永远不是城堡或男人或女人。

那么，我们这些沙人来到沙滩做什么？这种空性的游戏有什么意义？为何上天要创造出一个沙人，拼命地吃着堆砌成各种美食形状的沙子，同时还自以为不老不死，自大妄为？

上天为什么要设计这样的我们？为何要给每个人这种强大的驱力？让很多人拼了命，卖了身，不择手段，违背良心，而要去完成自己的梦或满足自己的贪婪？

我想，上天最终的目的是要教我们认清一个事实——我们和这个世界是一体的，我们的贪婪，我们的占有掠夺，我们的不安，都是组成这个世界的一部分。

◎ 红尘中的幻象 ◎

很多人想要赚钱，于是有了经济体制和文明，很多人都想满足口腹之欲，于是形成了供应食物的体系，就是这样。

当有一天我们都开悟了，很多人都觉醒过来，知道自己原来是"沙人"时，这些觉醒将重新组成一个世界，到那时，我们的世界和原来强调物质与欲望的世界，就不一样了。

老实说，这个世界会是什么模样，是由我们决定的。我们可以创造天堂，也可以让天堂变成地狱。只要我们违反自然法则，违反上帝制定的游戏规则，就会让这个游戏提早结束，大家就都被打回原形：尘归尘，土归土。

《金刚经》到底在说什么？

它只是想告诉我们，你我眼前这个、这么多人一起游戏的人间，其实不是人间，而是一个我们所有人的"共业道场"。来这个道场的目的是要做功课，那些名利

◎ 红尘中的幻象 ◎

爱情婚姻权力和名牌，乃至于你的和别人的身体，都只是道具或布景。

只不过就是有人搞不清楚，反而以为自己来这个道场的目的，是为了抢夺这些道具和布景，这种愚昧就跟一个傻子把饼干盒里的饼干丢掉，而去吃饼干盒子一样，既可笑又可悲。

其实《金刚经》在告诉我们：生命的过程，是要我们体验并了解"生存"的感觉，了解我们和万物是一；生命存在的意义，是要我们用有限的生命和脆弱且使用期限不长的肉体，去完成一些使命和任务。

当你领悟了这个道理，你就跳脱了轮回的程序控制，当你专心地活着、专注于执行自己的任务时，你就不会被世俗的物质和内在的欲望捆绑。这时候，你就可以从上帝设计的"大富翁游戏"中毕业了。

来到这个世界，我们可以吃，但不要吃超过自己所需的分量，不要贪、不要奢求，因为，我们的身体吞食

◎ 红尘中的幻象 ◎

消化的容量有一定限制，你吃再多吸收也有限，其他的就等于浪费了。

我们可以赚钱，甚至赚大钱，但如果你看不透钱的虚相本质，不懂得用钱，不懂得钱的力量和意义，你的人生功课还是交了白卷。

植物吸收大地的养分和天空的能量（空气、阳光），然后被动物吃掉，接着动物被我们吃掉，我们死后再被天地分解，于是所有物质分子又重新回到土壤和大气中。

我们人类从来就不是独立于天地万物之外的，我们本来就是大自然的一分子。

我们是用和万物一样的泥巴塑造出来的人形道具，真正重要和核心的，是上天在我们这泥巴身上吹的那一口气，那股精神力和天地合一的意志，才是我们的本体。

佛称之为自性，老子说是道，没有了这个精神力，

◎ 红尘中的幻象 ◎

物质分子不会组成细胞,这么多细胞不会聚合成一个生命体。

所以说,没有了内在的佛性和生命本质,就不会有我们这身肉体。肉体只是道具,眼前看得到摸得到的,没有一样不是假象组成的道具和布景。

戏演完了,总要下台、总要卸妆脱戏服,既然下台就要洒脱,不要眷恋这些道具和布景,不管这些道具和布景多逼真多华丽,没有了人这个主角,一切都只是死的风景。

这就是《金刚经》要说的,人生是一场游戏,如梦幻泡影,如露亦如电,应作如是观。

◎ 红尘中的幻象 ◎

其实，孤苦克不见得不好

人活在世上最倒霉的，不是自己的八字或者命不好，而是遇到一个胡说八道，妄下断言的江湖算命先生。

中国人都很相信命运，但不管你的命有多好，好到家财万贯、位高权重，在世间做了多少好事、积了多少功德；或者正相反，不管你的命有多差，差到孤苦无依、恶疾缠身、沦落街头，在世间坏事干尽、恶贯满盈。总之，不论你被人家说成是好命或歹命，最后下场都一样，难逃一死。

死亡就是人唯一的宿命。除了这个宿命以外，算命

◎ 红尘中的幻象 ◎

先生讲的那些注定嫁三个老公、注定给人家当小的或者注定六亲无缘，都是他发明的骗术名词。

当你从母亲的子宫，随着羊水、通过阴道，诞生在人间，哇哇大哭的那一刻开始，你此生的命格已然决定。

你的双手握着人生的牌，无法跟别人换牌，更不能重新洗牌。你必须坦然接受这场牌局，不论手中的牌是好是烂，如何打完这局，就是你来人间所要学习的功课。

好牌不见得能过关斩将，烂牌也不一定打不赢。

我曾经看过一部港片《呖咕呖咕新年财》，剧中的男主角天生爱打麻将，以打麻将为生，牌技和牌品俱佳，足迹踏遍大街小巷，麻将界的人都称他为麻将大侠。

运用麻将，他医治好母亲的痴呆症，也借着烂牌教导女友正确的人生哲学，改正她错误的观念。参加比赛

◎ 红尘中的幻象 ◎

时，更由一手极烂的逆境牌打到顺风牌，最后赢得比赛。他的牌品和打牌哲学让人折服。

在现实生活中，有些人运气好就目中无人，自以为满手好牌，这一局稳赢不败，然而俗话说的好："十年河东转河西，莫笑他人穿旧衣。"棋局一变，你手中的好牌，却成为你前进的障碍。

学佛，其实就是学着认识自己，提升自己。老天只帮助自助者，肚子饿了就该自己去找饭吃，向天喊饿，喊破喉咙，老天也不会掉碗饭给你，唯有自己才能发掘出自身所拥有的无尽宝藏。

某期商业周刊的封面报道是一位身高130厘米的强者——柯晓暄。她是因为基因突变，年逾二十六却只有八岁的身高，十岁的力气。小时候智力发展迟缓，而如今，她不仅从卫斯理大学毕业，还在继续攻读MBA。

专访中她是这么说的："电梯按钮不会为我降低，但我的心可以升扬，天空才是我的极限！"所以，尽管

◎ 红尘中的幻象 ◎

自己也要拄着拐杖上学，柯晓暄仍然积极参与扶幼社的活动，帮助孤儿。

反观现在的社会问题，许多人遇到事情只想说"为什么是我"、"为什么我这么倒霉"，却不在问题点找出解决方案。不想面对，就以自杀来解决，不然就找算命先生改运，或寻求宗教，想运用神力来化解这场苦难，到头来空忙一场，成了别人赚钱的工具。

任何人只要去算命，都怕看到孤、苦、克三个字出现在命盘里。

前面说过，命格天自定，但是诠释权却在你自己的手上。就像前面所说的男主人公，即使起手拿到大烂牌，他也不会因此自暴自弃、乱打一通。其实，所谓的凶星恶局，换个角度去诠释，你就会发现，人生是来接受各种挑战的，命格愈是不好，游戏的难度就愈高，相对的，也愈好玩。

例如，算命先生常提到的一个字——孤，或者说六

◎ 红尘中的幻象 ◎

亲无缘，其实是代表身心自由，没有罣碍，可以专心去做你想做的事。

比方说，可以将身心奉献给社会，拓展关心的层面，不用局限于自己的父母、手足、妻子，可以把年纪比你大的人当成自己的父母，把年纪与你相当的人视同自己的手足，将年纪小你很多的人当成自己的儿女。于是，整个社会就是你的家庭，大众都是你的家人，如此你拥有的爱，反而比别人更多。

其次，命格里所谓的苦，其实是表示你这趟来到人世间，玩到的游戏难度比较高，但相对的成就感会比较大。

俗话说"吃苦当吃补"，每一种苦都是良药，可以练成一招武功。苦吃得越多，学到的招式越多，遇到问题时，就可见招拆招，忧郁症绝不会降临到你身上。

另外，克这个字，也并非是不好的字。它的意思是说，不管你克别人或别人克你，都是一种磨炼，让你的

◈ 红尘中的幻象 ◈

肚量和智慧，都比常人更高一等。

五行生克形成天地与因果的定律：有福必有祸，有苦必有甜，有乐必有哀。克等于是在教你要重视因果，了解因果，不再心存妄觉胡乱造业。命中带克，反而是件好事。

从佛法的角度来看，这些算命先生常拿来吓人骗钱的孤苦克，根本不是什么凶星恶命，反而是助人修行的好因缘。问题是，这个道理到底有多少人可以领悟？

曾经听过一句很有智慧的话："所谓的好命，就是悟性高。"

遇到顺境时，能不能用谦卑的、感恩的心去看待，明白此刻拥有的一切，并非自己独立达成，需靠众人的力量，才能有这成就。

相反的，遇到逆境时，是否能从失败中吸取教训，感谢老天给予这个机会，让你修正自己不好的看法。

只要能用这样的态度面对你的命运，相信你也可以

◎ 红尘中的幻象 ◎

从毛毛虫变成蝴蝶，以美丽的面貌活在人世间。

　　亲爱的朋友，教你一个改运的方法：若你双手的掌心经常向上，总是到各处求神问卜，或常不劳而获靠这个动作得到你想要的事物，请你改变。

　　请把掌心朝下，脚踏实地地做好你的工作。不论是拿起扫帚，做个清洁工；或是握紧方向盘，当个出租车司机；亦或是拎着公文包，做个上班族。只要认真做好自己的本分，进而去关怀周遭的人事物，相信你的命运从此将由你自己去诠释、去决定，不用受别人摆布。

◎ 红尘中的幻象 ◎

再让我轮回
五百世，仍要爱你

佛 啊！即使让我再轮回五百世，受五百世的苦，我仍要谈恋爱，仍要深深地爱着他……这种心情和愿力，是有情众生最感人的一个执著。

在刘德华主演的一部电影里，他对女主角说了一个故事：

从前有一对老夫妻，老先生习惯昂首阔步，走得很快，老婆婆走得慢，总是在后面追得气喘吁吁，老先生每走几步总要停下来等老婆婆，然后埋怨老婆婆为何不走快一点？老婆婆则会唠唠叨叨地怨老先生为何不能走慢一点？

◎ 红尘中的幻象 ◎

这个简单的故事，没有什么绝对的结局，有人听了会觉得这对老夫妻很可怜，无法找到步伐相同、速度一致的伴侣，硬要凑在一起，必然很辛苦。有人甚至会觉得两个人步伐速度差那么多，迟早会吵翻，不如早点分手。

现代的年轻人想必都会有类似的想法，爱情这东西对他们来说，就像买衣服或玩在线游戏，不合身、不好玩就拉倒，何必互相折磨。

然而，我的看法却不同。老夫妻一前一后走路的画面，让我很感动，甚至感动得想哭；因为，夫妻俩原本就是独立的个体，步伐不同速度也差很多，本来可以各走各的路，多么轻松快活。

所以，到底是什么因素或什么力量，会让快的停下来等，慢的追得气喘吁吁，两个人尽量在找平衡点？

答案只有一个字，爱。

爱这个东西，说穿了就是累世因缘，没有什么道

◎ 红尘中的幻象 ◎

理，却会紧紧牵系着两个不同个性或步伐不同的人，谁也离不开谁。

如果没有爱，老先生不需要偶尔停下来等老婆婆，就是因为爱，虽然老先生嘴巴上埋怨老婆婆太慢，但还是会三步一回首，生怕与老婆婆的距离愈拉愈远。

同样的，如果没有爱，老婆婆也不需要追得上气不接下气，一来没有人逼她一定要跟上老先生，二来她也可以耍脾气，大吵大闹要前面的死鬼等她或扶她，但她没有。即使追得很辛苦，她仍然紧紧地跟在老先生后头。

路上有那么多的男人女人，世上的路有那么多条，但他跟她就是要互相折磨似的拴在一起，为什么？

这就是缘分，这就是爱，你看不见，摸不到，却可以深深感觉到。

这也就是为什么世间有很多夫妻或情侣，生活习惯不同，口味也不一样，却仍要在一起的原因。因为，相

◎ 红尘中的幻象 ◎

爱的人，本来就是要借着爱，彼此互相修行来完成人生的功课。

事实上，从佛家的角度来看，爱是一个很难断根的执著。

凡有执著，皆有苦痛。然而，心中有爱，身上有看不见的因缘线牵系的人，绝不会怕这些苦。

即使佛说执著是苦，轮回是苦，我相信，老先生和老婆婆仍会说：佛啊！即使让我再轮回五百世，受五百世的苦，我仍要谈恋爱，仍要深深地爱着他（或她）……

爱的执著和愿力很强，但爱一个人要付出的代价也很大。毕竟，人生无常。

就像刘德华演的一部电影里的剧情，一对恩爱的年轻夫妻，正沉浸在新婚甜蜜时，太太突然发生车祸过世，先生忍不住回想过去甜蜜生活中的点点滴滴，痛苦得整个人像行尸走肉一般。

◎ 红尘中的幻象 ◎

这种苦，光用想的就知道有多难熬，诚愿世间人都不要遇到，但是这种苦，却让电影中的刘德华更爱他死去的太太，执著更深，相信如果给他一次机会选择，下辈子再苦也要和他的妻子再爱一场。

话说到此，或许有人会开始赞同佛陀的劝告，不敢再对感情有任何执著，因为有执著就会有苦，有十分的执著，就有十分的苦。

不过，我相信，真正爱过的人，必然不怕这种椎心刺骨的痛苦，必然会在心中发愿，下辈子再爱一次。

即使相爱的时间不长，即使不得不看着心爱的人脸色青白、停止呼吸，对你的呼喊和哀号再没有反应，你心中也绝不会有遗憾；至少，你们曾经爱过。

而且，你还会相信，你的爱人绝对不只是单纯地失去生命、心脏停止跳动而已，你的爱人必然是带着很多刻骨铭心的记忆，所有你和他的记忆，还有你们的爱，先走一步而已，下辈子，你们必然会再相逢。

◎ 红尘中的幻象 ◎

俗话说：佛度有缘人。每个人身上都有不同的因缘业力，因此，连佛陀也不担保可以度尽天下人。不过，我相信，如果有机会访问佛陀，他会说那些有情众生，那些深深执著于爱情的众生，应该是最难度化的吧！

因缘未了，佛也难度，如果你想爱，你能爱，那就大胆勇敢地去爱吧！只是别忘了，爱一个人真的需要勇气，要有勇气去承受和爱人生离死别时的苦，要有勇气去吞下想见一个人却无法见到时的苦，要有勇气时时保持觉知状态，全然认真地去体验这种苦。唯有如此，你才算是拥有完整的爱。

甜苦兼具的爱，才是完整的，只有体验过完整的爱，你的爱情学分才算修完，下一次或下辈子你才会知道如何去爱，才会领悟爱的真义。

不管是你先走一步还是爱人先离开，爱留下的永远不应该是遗憾或悲哀。

◎ 红尘中的幻象 ◎

各安天命，就是做善事

地球按照本分，规律地运行，整个宇宙才能正常运作，人才能好好活着；人体的每个器官谨守本分，身体才会健康，才能自由活动，只要有一个器官不安分做自己的事，身体就会感到不适，甚至因此死亡。

有些人活着的目的，在于死后能上天堂或极乐世界，为此汲汲营营地做善事，参加各式各样的法会、放生、捐钱盖庙等等。

其实只要每个人尽自己义务，照顾好身边的人，不要有太多妄想，妄想成为出家人、成为上师、成为大明星、成为总统……只要每个人都能从自己的生活中修

◎ 红尘中的幻象 ◎

起,各安天命,各守本分,世界自然太平,人心自然无惧,这就是做最好的善事。

禅宗有一则公案:当初,达摩祖师从印度来到中国,正是梁武帝在位时。梁武帝是一个虔诚的佛教徒,平常建筑寺院、广度僧侣、印经造像,甚至茹素讲经,可以说布施、修福,做了不少功德。

当他听说从印度来了一位高僧达摩祖师,就礼请他到宫中问法,梁武帝问达摩祖师:"朕自从主政以来,建寺度僧,行善不断,请问有什么功德?"

达摩祖师回答:"了无功德!"

梁武帝像是被浇了一盆冷水,从此对达摩祖师心生反感,而达摩祖师也觉得与他无缘,于是拂袖而去。

达摩祖师听得出来,梁武帝之所以做这些善事,目的只是要向天下人炫耀,自以为修行不错,可得天下人的赞美。因此,为了破梁武帝内在傲慢、执著的心,才说了无功德。可惜梁武帝悟性不够,没听出达摩祖师的

◎ 红尘中的幻象 ◎

真正涵意。

实话说,行善修行何需有人看见、认可、表扬呢?修行是修自己的心,不是修给别人看的,更不能祈求上师、大师等的加持,让你的修行更上一层。

佛也说人要自度,他也只能度自己,无法帮你度化,自己的业和功课要自己做,每个人都一样。

好比佛是个减肥专家,而你也想减肥,佛能够做的只是教你方法和经验,但是必须你自己如实去修行,才能减肥成功。

修行是为了要离苦,要离苦,就必须先吞下现实生活中的苦,就从勇敢扛起家计,照顾老人家和小孩,照顾自己开始吧。

佛法是最现实最实际的,如果每个人都跑去剃度出家,以为出家就是修行,就可离苦,那就错了。那是在逃避现实、是不负责任的做法,世界可能会因此改变。

有位罹患小儿麻痹的男子,从小双腿萎缩,虽然双

◎ 红尘中的幻象 ◎

脚不便于行走，但却练就了一双强而有力的臂膀，完全取代了双脚的功能，能够敏捷地爬下堤防登上胶筏，到海里养蚵。他选择自立自强，靠自己的毅力，继承父业养蚵维生，担负起全家的生计。

他就是真正的修行者，真正在做善事的人，他自立自强，不给社会增加负担，正如佛所说："诸恶莫做，众善奉行"，众善中第一善就是：各安天命，脚踏实地过生活。

《老子》上说："九层之台，起于累土；千里之行，始于足下。"譬如你每顿要吃三碗饭才会饱，不一碗一碗地吃，而是直接吃第三碗，是不会饱的。

修行也是一样，要一步一步，脚踏实地过日子，从身旁的人开始对修，不需要舍近求远地到道场、寺庙里和别人一起共修，亲人就是你修行的最佳对象。

亲人最敢指出你的错误，而且与你相处时间最长、摩擦最大，最容易看出你的缺点。

◎ 红尘中的幻象 ◎

比如，吃饭时手没有摆好，父亲一定会纠正你的动作，告诉你手不能靠在桌上；回到家时，鞋子没放好，姐姐就会骂你……家人端正了你的行为，唯有培养良好的习惯，才有好的观念，才能判断对错。

佛陀的弟子阿那律是一位精进的修道者，他专心诵读经文，时常通宵不睡觉，因为过度疲劳，所以眼睛瞎了。他虽然伤心，却也不颓丧，反而更加勤奋地学习。

有一天，阿那律的衣服破了个洞，便自己动手缝补。一不小心，线头脱落了，而他又看不见，无法重新顺利穿线，状况十分狼狈。

佛陀知道了阿那律的困难，便来到他房中，替他取线穿针。

"是谁替我穿针呢？"

"是佛陀为你穿针。"佛陀一面回答，一面为他缝补衣裳。阿那律不禁感动得流下泪来。

佛陀不会因为自己是佛，地位崇高，就认为穿线补

◎ 红尘中的幻象 ◎

衣是低下的工作，佛陀不著外相，认为照顾弟子是他的本分，跟向大众说法一样重要。

就像《金刚经》，一开始，佛陀也是从化缘吃饭洗脚开始说，从自身生活细节开始，这是修行的第一步，也是基础。

佛陀自己化缘、吃饭、洗碗，以身作则，告诉大众，自己的生活，要自己打理，要先学会照顾自己，才能进一步修道成佛。若自身都管不好，就像风筝随风飘扬，心控制不了，风筝就坠落，哪能飞上青天，顿悟成佛？

在《大学》中提到做人的境界——修身、齐家、治国、平天下，也是要先做好自己，把家人照顾好，整个社会安定和谐，国与国之间相敬如宾，世界一片祥和，整个地球就是极乐世界。

不要小看自己的力量，只要好好做好你自己，你就是为世人建造极乐世界的功臣。

◎ 红尘中的幻象 ◎

其实，你每天都在写来世的剧本

常看到蚂蚁举族迁移，经过我的书桌、鞋子、衣服……大摇大摆地在我们的视线下行走，却丝毫没有意识到大难临头，还洋洋得意地以为找到了不错的地方可以安居。

人之所以会为世间俗事所苦，是因为人脱离不了世俗的游戏规则和自己的生命蓝图。就像在地上爬的蚂蚁，它们并不知道这世上还有人类或更高层的灵体在它们的上方，俯看着它们的一举一动。

同样的道理，一般人只知道关注这辈子的事，在意眼前的事物。

◎ 红尘中的幻象 ◎

想起一个有趣的故事：在一座古老的寺庙里，供奉着一尊法相庄严的观世音菩萨，由于菩萨有求必应，香火鼎盛，每天都有络绎不绝的信众，前来朝拜、祈愿。

有一天，一大早来了个流浪汉，他看到菩萨要应付芸芸众生那么多的要求，觉得于心不忍，于是祈愿要为菩萨分忧解劳。

菩萨慈悲地说："好呀！我们对换一下，你上去坐坐看，但是有个条件，不论你看到什么、听到什么，都不可以说话。"

流浪汉觉得这个要求很简单，就答应了。于是菩萨下来，换流浪汉上去，学菩萨慈悲端坐，俯瞰众生。来膜拜的信徒不疑有他，依旧虔诚地礼拜。

快中午时，来了一位富商，祈祷完毕后，竟忘记手边的袋子便离去。流浪汉看在眼里，心中焦急，但是他答应菩萨不能说话，于是只好憋着没说。

接着，来了一个食不果腹的穷人，祈祷菩萨能帮助

◎ 红尘中的幻象 ◎

他渡过生活的难关。正当穷人要离开时，忽然发现先前那位富商留下的袋子，一打开，里面全是钱。

穷人高兴得不得了，连声说："菩萨真灵，有求必应！"他万分感谢地离去。

流浪汉看在眼里，很想阻止穷人，告诉他：那不是你的！但是想到与菩萨的约定，只得仍然憋着不说。

接着，来了一位即将出海远行的渔夫，来祈求菩萨保佑他出海平安。正当渔夫要离去时，富商冲了进来，左看右看没见着袋子，便抓住渔夫的衣襟，要他还钱。渔夫当然觉得莫名其妙，两人便吵了起来。

这个时候，流浪汉终于忍不住开口，将事情说了个明白，于是富商便去找穷人，而渔夫则匆匆离去，生怕耽误出海时间。

菩萨摇摇头，对流浪汉说："你可知道，那位富商并不缺钱，那袋钱不过是要用来嫖妓的，如果给了穷人，却可以供应一家老小的生计。最可怜的是那位渔

◎ 红尘中的幻象 ◎

夫，如果富商一直纠缠下去，延误了他出海的时间，他还能保住一条命，而现在，他所搭乘的船即将沉入海中。"

凡夫只用眼睛、耳朵来决断事情；菩萨是用心评判事情，会从事情的前因后果来切入，客观地看出事情的始末，才不会像流浪汉作出的判断，害了别人。

有高深智慧的觉悟者，自然可以看透今世的因果，看见前世和来世与今生的因果关系，而记录我们前世今生未来三世因果的系统，称为"业"，执行因果互动的力量，则叫"业力"。

有那么一次经历让我亲身体会到业力的可怕。大学时住在宿舍里，因为我是外县市学生，可以住校两年。到了大三，由于床位不足，要用抽签的方式决定谁可以继续住校。很幸运地，我仍然抽到了床位，很巧的是，新的床位恰好在老房间的隔壁。

搬到新床位的第一天，真的很不习惯，只要出了门

◎ 红尘中的幻象 ◎

要再回房间时，就会不由自主地走到先前住的房间。看到房门上的房号不对，才意识自己走错了。

第二天，情况好了一些，虽然会走错但至少半路上就想了起来。

第三天的早上，我睡过头了，急急忙忙出去盥洗后，赶紧回房换衣服，一开门发现有人躺在我的床上，正想质问，才发现自己走回了先前的房间，走错了。

短短两年，对空间的执著已经深深地记在潜意识里，更何况累世所接触的人事物，所引发出的想法和观念。这正是佛所说："业力不可挡。"

业力是执著所产生的强大力量，把我们的过去、现在、未来绑在同一条线上。像在押犯人，叫他去拔草，就必须乖乖地去拔草，当个商人，就必须日日做搬有运无的工作，没法有自己的主见。

或许你不相信，你今生的一言一行，都决定了你来世人生脚本的剧情，今生你种的因，来世必然结出丰硕

◎ 红尘中的幻象 ◎

果实。

这种超越时空的因果法则，没有智慧的人看不到也想不通，但根据量子物理学家的说法，这世界的所有物质都是由原子组成的，也是能量组成的，根据量子理论，就时空互连和能量法则间的关系来看，要回到过去做时光旅行，几乎是不可能的。因为，过去现在和未来，其实是连在一起的。或者我们可以说这三者其实是一体的。

这个理论颠覆了世俗的认知，或许你想不通，但早在两千多年前的佛经就已提到这个概念，所谓："过去心不可得，现在心不可得，未来心不可得"，就是这个意思。

读过佛经的人都知道，佛经的开头是：如是我闻，一时佛在……说明了做记录的是谁，说法的地点何在，参与的来宾有谁，然而时间却是用"一时"，而非某年某月某日。这表示佛陀说法的时间，不是死的，不仅止于那一场，"一时"是活的，只要你和佛经中的法相应，

◎ 红尘中的幻象 ◎

当下你就在法会中,听佛陀说法。

所以,佛所说的三心不可得,是不希望人们去执著时空下的假象,意思也就是说,过去现在未来这三种状态根本就不存在,这三种状态是人们的意识所创造出来的错觉。

其实,整个宇宙在时空上只有一个状态,那就是当下。

只要你能心无罣碍地活在当下,心中不存在任何幻觉妄想,你就可以隐然感觉到,那些过去和未来将发生的,都同时存在这一瞬间。只是人的脑子感应不到,人的意识把时空切割成三种状态。

因此,你过去所做的必然会影响现在,现在做的也必然会影响你的未来。

宋代大诗人黄庭坚中进士后,就被任命为芜湖地方的知州,那时他才二十六岁。

有一天午睡时,他做了一个梦,梦见自己走出衙府

◎ 红尘中的幻象 ◎

大门,来到了一户人家。门口有一位老婆婆,站在一张供桌前,桌上摆着一碗芹菜面。而老婆婆手上拿着香,一边呼喊着:"某某人!回来吃面了。"

黄庭坚不自觉地将面端起来就吃,吃完后就走回衙府。午睡醒来后,梦中之事,历历在目,口中甚至还留有芹菜的香味,这让他百思不得其解。

第二天午睡时,他又来到了相同的地方,同样的场景再次上演。

黄庭坚惊醒过来,飞快地爬起来穿好衣服,循着梦中的记忆走去。

走到一户人家门前。敲门后,出来应门的正是梦中所见的老婆婆。

在黄庭坚的询问之下,老婆婆说:"昨天是我女儿的忌日,因为她生前最喜欢吃芹菜面,所以每年在她忌日这天,我都会供一碗芹菜面,喊她回来吃。"

黄庭坚问她女儿去世多久了,老婆婆说:"已经二

◎ 红尘中的幻象 ◎

十六年了。"

黄庭坚心想,自己今年正是二十六岁,而昨天也正是自己的生日。诧异之余,就跟老婆婆聊起她女儿在世时的种种情形。

老婆婆说,她女儿在世时非常喜欢读书,而且吃素信佛,也很孝顺,后来在她二十六岁时生病死了。死前还告诉她,一定会回来看她的。老婆婆指着屋中一个大木柜说,她女儿平日所看的书,全都锁在里面,只是不知道钥匙放到哪里去了,所以一直无法打开。

奇怪的是,黄庭坚突然记起了放钥匙的地方,找出钥匙打开木柜后,在里面发现了许多文稿。他仔细一看,大吃一惊,原来他每次参加考试所写的文章,竟然全在这些文稿中,一字不差。

至此,黄庭坚心中已完全明白,这老婆婆就是自己前世的母亲啊!

在《梁皇宝忏》中也写得很清楚,南朝梁武帝的皇

◎ 红尘中的幻象 ◎

后郗夫人，生前喜欢争宠，生性残酷，常怀瞋心及嫉妒心，三十岁时急病身故，因为生前心怀瞋毒，所以死后堕入蛇身。

一天，梁武帝就寝前，听闻外面有骚乱的声音，于是出外查看，忽然瞧见一条大蟒蛇，惊讶异常，便对蛇说："朕的宫殿看管严谨，不是蟒蛇窝生之地，尔等必是妖孽。"

于是蟒蛇便对武帝说："我是你的皇后郗氏，因为生前心怀恶念，死后堕入蛇身。深感皇帝平日对妾身的厚爱，所以才敢以丑陋的形貌显现在您的面前，希望皇帝能帮我做些功德，脱离蟒蛇之身。"蟒蛇说完之后就不见了。

因果的力量不可忽视，不可小看，一个心念、一举手、一投足，都会影响到你未来的果报。

因此，遇到困难就怨天尤人，不懂自我反省，不肯成长，永远只怪别人的人，下辈子注定孤独。

◎ 红尘中的幻象 ◎

因为想要帮你的人总是被你嫌弃，你又动不动就误会人，往往证据还没齐全就先判人家死刑，累积下来，这些被你冤枉的阴魂，未来必会想办法让你尝尝被冤枉的滋味。

佛陀在《金刚经》中，反复强调"无我相、人相、众生相、寿者相"，告诉世人，不要执著于"相"，要去掉心中的我执，不要有预设立场的想法，也不要有怨气和偏激的念头。

只要能随时保持觉知，清醒地活在当下，自然不会造业，来世也就不受业报。

切记：

千万别以为所谓的生命剧本或人生蓝图，是死后才到阎罗王面前填写，也别以为你自己可以用想法决定人生的剧本，一切的剧情，都是你的行为在决定啊！

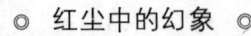
◎ 红尘中的幻象 ◎

真实不虚的存在

诸佛、鬼神、妖魔，都真实不虚地存在于——我们的大脑。

人类对于一切未知的事物，都会自动归纳为超自然或灵异的领域，这是人的大脑功能所造成的，这也是大脑为了保护我们，所发展出的对未知状态永远保持敬畏、谨慎的逻辑；目的是不要我们冒太大的风险。

事实上，万事万物都有极限，也都遵循因果及自然法则在运动生灭，只是太多事物提升了复杂度和讯息量，超出了人类的计算及理解能力，因此人类不得不把这些事物视为超人类的力量，而敬而远之。

◎ 红尘中的幻象 ◎

天气，就是一个原始的自然力量，它对人类的影响，早在远古时代就开始了，只是当时的人类无法像现代有超大型的计算机，可以计算区域气压变化、风向、气流和预测未来的天气状况。

但是，面对天气这个决定生死的力量，人们又不能忽视；因此，大脑很自然地把天气塑造成一个有意识或灵魂的生命体，或者称为神，或者称为魔。于是，种种祈雨或祭天的仪式出现了。迄今，在一些原始土著部落，仍存在着用人头祭天祭神的仪式。

这一切行为，都是为了平息我们心中的恐惧和不安，为了说服和催眠我们的大脑。告诉自己，一切都在掌控之中，那些未知恐怖的力量，已经用仪式做了沟通，未来将会一切平安，不用再害怕，可以好好地过日子、踏踏实实地睡觉。

事实上，这些仪式对天气是否有物理上或科学上的影响，想必没有人可以证实，或许也根本无从证明。因为，大自然的力量和仪式行为根本是两个不相同的系统：一个是受地球气压对流影响的系统，一个是将外在讯息输入大脑的系统。

然而，对科学尚未发展时代的人类而言，这些祭天祭神仪式，确实对安抚人心的不安，有相当的作用，而且在人类文明中，延续了好几千年。

纵观世界史，人类大约在相同的文明阶段，几乎同时发展出祭神仪式的文化。这些文明当时都还无法互相沟通，却能够像同一个程序，在接收到相同的刺激或讯息（未知力量）时，发展出相同模式的对应方法。这应该不是巧合，而是因为人类拥有相同的大脑功能所致。

世界各民族，都有大同小异的神魔鬼妖传说，也都有基本理论相去不远的卜卦算命方法，甚至在许多寓言或传说中，也都出现过惊人的雷同。

前面说过，万事万物的演变律动，都是可以计算出来的，只是人类的脑功能有限，也因为有限，人类才必

◎ 红尘中的幻象 ◎

须发展出一套容纳或诠释所有未知力量的系统——神魔系统。

例如，百慕大三角洲，听说只是媒体或作家渲染误传的娱乐幌子，但是这些误传和渲染，甚至于这些编造出来的故事，却是人们所期待的。

还有算命，说穿了也是我们自欺欺人的骗人游戏。老实说，我认识太多命理大师，却没算出我命中注定的大劫难，等我遭遇到大劫难差点丢掉半条命后，这些大师才马后炮地说，就是因为当初没有买 A 水晶 B 佛珠或者是 C 佛像，所以我才会……真的，十个有九个半是江湖术士。唯一准确的是，每一个都要收高额润笔。

我说上帝，其实是每个人各自表述的心灵治疗系统。

人有欲望，因此，人有原罪；人有良知，所以人有罪业。凡人都要受苦，因为人身上有太多的罪恶和业障，需要透过虔诚的信仰，或膜拜或告解，才能洗净身上的罪恶。

◎ 红尘中的幻象 ◎

由于民族文化背景不同,各家各人的上帝也都不同,基督教耶和华,佛教释迦牟尼,道教太上老君、玉皇大帝、观世音菩萨或妈祖……所有这些"上帝",都可以反馈到自己的潜意识,让自己得到解脱,让自己安心。

相对的,有正就有反,有上帝就有撒旦,人世间的妖魔形象,就成了人们消除恐惧的牺牲品。

人类需要发泄心中的不安和恐惧,需要用利剑或机关枪,去消灭某个东西,让自己得到快感,让自己的压力释放,让自己被不明恐惧占据的心得到解脱。于是,外表恶心的妖魔,就成了人们发泄压力的牺牲品,他们存在的意义,就是要被消灭。

当然,真实世界中,从来没有人看过他们。他们是人们用来对抗恐惧忧郁的镇静剂,也是用来激发脑内啡的刺激物。

谈到鬼灵,他们存在的第一个目的,主要是因为人类无法接受自己的亲人乃至于自己,终有一天会失去肉

◎ 红尘中的幻象 ◎

体离开人世的事实。

为了减缓"失去"造成的巨大创痛,避免让大脑在短时间内遭受大量痛苦讯息的折磨,我们需要鬼灵。

所以说,鬼灵的存在,与人类的心理健康和生存,有很大的关系。鬼灵关联到我们对至爱、亲人死亡的恐惧,这是一种自我保护机制,可以说是至爱、亲人在去世后,仍然和我们保持联结的证明。

因此,相信有鬼灵存在的人,也就相信至爱、亲人仍在身边,仍处在同一个世界,只是看不见摸不到罢了!

鬼灵存在的第二个目的,是让我们的恐惧具体化、现实化。

恐惧,来自潜意识,甚至来自更深层的集体潜意识,或言佛法中的阿赖耶识。而人们心中的很多恐惧,是很抽象的,说不出所以然,更是摸不到看不见的。它们永远潜藏在心灵深处的幽境中,当我们空虚或者精神虚弱时,就跳出来折磨我们,一旦我们真的要对付它

◎ 红尘中的幻象 ◎

们,却又看不见它们的踪影。

因此,我们的大脑为了解决这个问题,就会自动地把这些抽象的恐惧塑造成有形的物体。鬼魂,就是一个最好的替代物。所有的鬼魂,其实都是我们良知的产物。

前面说过,人们对大自然或未知事物的不安,会以妖魔或各种怪物的形象,来吓自己。不过,这些妖魔的威胁只是一时的,只要人类能够努力解决生活的问题,包括改善人际关系或事业上的困境,这些妖魔就会被你的圣剑或镭射枪消灭。

然而,针对自己创造出的不安,那些因为自己违反良知,而刻画在潜意识里的罪和恐惧,也就是佛家讲的"业",可就无法消灭了。

其实,人类大脑意识到鬼魂的存在也是好的,至少我们把伏藏在潜意识中的恐惧具体化了,我们不再对自己的恐惧捉摸不着了。问题是,鬼魂出现惊扰人心,要如何对应呢?

◎ 红尘中的幻象 ◎

答案很简单,来自大脑的,就让他们回到大脑去。或者,我们可以说,大脑创造出来的鬼,我们也可以用大脑创造出来的东西去消灭。

在中国,有许多消灭或镇压鬼魂的方法,坊间数以万计的大小神坛,或香火鼎盛的庙寺道场,各个教派、每个单位,都有各自不同的方法。从画符、吃符灰、收惊到各种法器,这些道具都是人类发明出来的,为的是制伏心中的鬼。

小时候,我曾经被脏东西吓到,从此不敢踩到地面,整个人又哭又叫地缩在沙发上,所有的移动都要靠大人背负。在我的感觉里,地上有某种妖怪,只要我的脚一落地,就会被他抓走。

后来,我外婆拿我的衣服去庙里拜拜,请庙公收惊,作完法后庙公看见米堆上出现二条弯曲的线,就说我是被一种蜈蚣魔神吓到的,收了惊就没事了。

外婆回来告诉我说:没事了,我这才松了一口气,

◎ 红尘中的幻象 ◎

后来渐渐地我就可以下地走路了。

此外，每天睡觉前，我发现自己都会很快地把这一天发生的事情，像录像带一样重新播放一次。播完后，如果没有发现什么比较恐怖或者让我无法接受的事，我就会忽然间全身放松，很快进入梦乡。

我也发现，距离上床时间愈近的事，在脑中的记忆愈清楚，影响睡眠的程度也愈大。如果在睡前看了恐怖的电影或电视剧或故事书，那些恐怖的影像就会跟着我上床，反复出现在脑中，于是这一晚肯定睡不好。

后来，我自己做了个实验。睡觉前尽量看一些比较温馨感人的书或是电视喜剧片，结果不但睡得很香甜，梦里也都是这些感人或好笑的画面和情节。

原来，一切都是大脑的作用。

难怪，生活简单的古人，或者是性格比较单纯的小孩和女人会特别好睡，原因就是他们的大脑不会受到太大或太恐怖事物的刺激。

◎ 红尘中的幻象 ◎

相对的,这些人也本能地不会去破坏这种脑讯息的单纯状态,继续维持单纯的生活,不会去做超过自己能力的事,也不会冒险去探触一些未知的东西,更不会去做对不起良知的事。因为他们知道自己就是会为了一件小事而担心得睡不着。

我曾听一位单纯的女性朋友说,她曾经连续三天失眠,原因就是她去一家面店吃面时,老板少算了十元,为此她良心不安,睡不好觉。

老实单纯的人,大脑的状态就是如此单纯。至于现今动不动就诈骗数十万,甚至数百万的诈骗集团成员,想必睡眠质量应该都不是很好,不少人可能必须靠酒精或药物才能睡得着。

因为,他们潜意识里知道自己干了什么坏事,虽然一时间还不会得到报应,但他们在睡觉前,一样会把自己诈骗他人的行为,全部重播一遍,然后分类归档到潜意识中。一旦潜意识中有了罪恶档案,他们为了避免被

◎ 红尘中的幻象 ◎

良知谴责,心跳就会增加,血压就会上升,一如原始人感应到有巨大的野兽在接近时,全身进入防卫状态。如此一来,人虽然睡着了,潜意识和全身细胞却亢奋了一个晚上,难怪会愈睡愈累,长久下来,就算不早死也会病痛缠身。

然而,人类的大脑是很"聪明"的。经常干坏事的人,会为了让自己好睡,发展出一套对抗良知的减罪系统。也就是说,脑子会试图说服潜意识中的良知,让良知相信他们干的事不是坏事,而是为了生存,为了报复不公平的社会所做出的求生手段。因此,不应该被列为罪恶的记录。

为了增强说服力,这些干了坏事的人,还会在脑中举出很多证据,包括从小贫困,别人有家有父母有钱,而自己没家没钱没读书,这些都是社会不公造成的。因此,就算他们现在要去做坏事,也是不得已的,甚至是社会逼迫的。

◎ 红尘中的幻象 ◎

如果这个说法成立,他们的良知系统接受了,他们就会睡得比较好。甚至有一天他们被捕时,在法官面前仍不认为自己有罪,问他们后不后悔做这些事,大部分的人会说:不后悔做这些事,只是后悔被抓到。

话说回来,如果鬼魂是一个普遍存在的客体,为何当我看恐怖片时,他们会出现在我脑子里,等我看温馨感人故事或喜剧片时,他们就不出现了?

事实上,这一切都是大脑的作用,都是潜意识的作用。

万事万物都和我们的大脑有关。古人说老天有眼,举头三尺有神明,指的就是自己潜意识中的良知系统。这个系统会永远记录你的一言一行,然后,对你日后的身心产生各种影响。

因此,每当有人问我鬼神是否存在时,我都会说:诸佛、鬼神、妖魔,都真实不虚地存在于——我们的大脑。

◎ 红尘中的幻象 ◎

烦恼是风，人是草

现代人的烦恼有两种，一种是可以克服或改变的烦恼，如业绩或功课不好，或者是钱不够用或感情不顺；另一种是不可改变或克服的烦恼，如自己的肤色、身高、家世背景乃至于台风骤雨或干旱。

第一种烦恼只要有方法和条件，十有八九可以被消除掉。至于第二种烦恼，就要靠我们改变自己或调整自己。这时，解决问题的关键握在我们手上，只要有智慧和柔软性，同样也可以渡过难关。

例如，农作物丰收时，看的是谁有势力或武力可以抢到更多的粮食，但是到了干旱歉收的饥荒年，要比的

◎ 红尘中的幻象 ◎

就是谁可以耐得住饥饿。在吃得很少或不吃的情况下仍然能够活得下去的人，才能幸存于世。

同样的道理，在竞争激烈的商场上，谁能被客户臭骂一百遍后，仍然勇往直前地继续进行说服攻势，谁就能出线。这时，比的不是谁长得帅或公司规模比较大，反而是谁比较"贱"，谁就有生意做。

我想说的是，诚如老子所言："居低谷而凌伟岸，守柔弱而克刚强。"真正的强者，是柔软有弹性的小草，而不是又硬又刚的树干。

小草没有自我的执著，所以风里雨里甚至被洪水淹没，都可以安然地生长。相对的，树干太刚强了，暴风雨来了也不懂得弯腰以减低风阻，枝折树断是常有的事。就算躲过了暴风雨的摧残，只要人们一想到盖房子或造船，第一个砍的也一定是大树。

现代人面对不可逆转或不可改变的困境和烦恼时，通常都选择刚硬或不服输的态度，结果是徒费心力和时

◎ 红尘中的幻象 ◎

间，不但最初的烦恼没有解决掉，反而又制造了其他的烦恼。

例如，很多当官十几年的人，明知道自己的收入和财富不能和大企业家相比，更知道自己的个性不适合做生意，却无法安守本分，硬是想尽办法要增加收入。结果，这份贪念就活埋了他的智慧和良心。

虽然他们利用职务之便来大动手脚，收取谢金或回扣，解决了当下的经济问题，却也制造了把柄被人握在手上的困境。于是每天提心吊胆，夜不安寐，终于有一天东窗事发，人被判刑、财产被没收。算一算，失去的反而比得到的多。

很多年轻人在和女朋友热恋时，不想让女友知道自己的卑贱身世，于是就串通很多朋友来欺骗女友，等到纸包不住火了，才知道自己的女友根本不在乎他的身世，无法接受的反而是他这种欺瞒的行为，最终要求分手。

◎ 红尘中的幻象 ◎

我曾看过一个报道，说某些女性在隆乳后，出现很多并发症，甚至有个案因为硅胶漏出，而导致了乳癌。为了漂亮的胸形，赔掉一条命，这种傻事在人世间屡见不鲜。

我的一位朋友，四十来岁是个老板，顶上的假发已戴了十几年，这件事只有我们几个多年的好友知道。最近他因假发不透气，头皮红肿发炎去看皮肤科，医生警告他一年内不得再戴假发，否则头皮不保。

于是他开始烦恼，烦恼一去公司让人发现原来他十几年来都戴着假发。他不知道该如何面对大家。最后，他为了此事一直不去公司，后来也焦虑过度得了忧郁症。

上述这些例子，都是用更多的问题暂时掩盖烦恼的案例。这些人的愚昧行为，就好像用汽油来救火一样；不但问题没有解决，反而让火势更大，损失也更多。

老实说，面对这些不如人意的第二种烦恼，诸如脸

◎ 红尘中的幻象 ◎

孔、身材、秃头、身世……好比在人生赌局里拿到不好的牌。既然你不是发牌的人，又无法改变游戏规则，不如就专心或比别人更用心，来把这场人生赌局玩好。即使牌再差，只要好好打也不见得会是最后一名。

世间无完美的人，人生更无完美的牌，如果拿到烂牌就翻桌子或作弊，用自杀或欺诈威吓的手法来向上帝抗议，那么，你注定是输家。

从小到大，我听过、看过很多的抱怨。有个中学生因为家长不让他割双眼皮，就躲在厕所自杀；有些爱慕虚荣的女孩子，怨自己没有生在豪门世家，于是从事色情工作，捞了大钱去买名牌，宁可被人家骂，也不愿意过穷困的生活；很多男孩子天生好吃懒做，每天嫌自己长得不够帅或不够高，否则可以去当模特或去牛郎店上班，一个晚上就赚到一辆跑车；不少有钱的老人家，不甘青春消失，宁可花大把钞票，受尽折磨，就是要让自己变年轻。

◎ 红尘中的幻象 ◎

佛陀是柔软的，是很有弹性的，两千五百年来，佛陀也一直在教人如何柔软，如何让自己变成可以向八方弯腰的小草，如何让自己的心变成一面镜子，映照各种烦恼，却不留下任何痕迹。到最后，甚至连心这面镜子也变成空，不再有各种尘埃污染。

要让人的心柔软，是需要智慧的，如果你能觉醒，能唤醒原有的智慧，你自然能柔软，世间也没有什么事可以让你烦恼。

老实说，不管你这辈子拿到的是一副好牌或烂牌，只要你有我执和妄想，你的烦恼就无所不在。例如，你生在富豪世家，长得又高又帅，学历高、收入佳，难道你就不会病不会痛、一生无忧了吗？

我们来到这世间，是最重要也是最有意义的事情，不是如何拿到好牌，而是如何把手上的牌打好。

前面说过了，电影《呖咕呖咕新年财》里，男主人公的牌品哲学就是我说的柔性智慧。他也不是每次上牌

◎ 红尘中的幻象 ◎

桌都能拿好牌,当他拿到一手烂牌时,他不会怨天尤人,仍然用心地打。他说:即使会输,也要选择损失最小的打法。

老实说,如果世间真有这样的人,即使他不剃度,没读过佛经,我仍要说他是悟道的禅师,是真正洞悉生命真相的智者。

世事无常,现实生活会发生什么事,我们没有什么选择的余地,甚至毫无选择的余地。但是,要如何处理或面对这些"自己来"的问题,其实我们可以有很多种选择。不同的选择背后,都有不同的风险效益,选择一个对我们、对别人、对世界最有利益的方案,才是真正会打牌的人。

从前,有一个人总觉得生活很不快乐,他也知道那些让自己不快乐的事情其实都没有什么大不了,但是他却常常觉得不如意,总是怨天尤人。于是他便去参谒佛陀,希望佛陀能帮自己指点迷津。

◎ 红尘中的幻象 ◎

他说,他是个农夫,也喜欢种田,不过,有时候老天不下雨,有时候又下太多,他的收成始终不理想。

他有老婆,老婆也很贤惠,他很爱她,但是她有时候很烦人,他觉得有点厌倦。

他有孩子,孩子也很乖,他喜欢孩子,但是……

佛陀耐心地听他讲,直到他讲完为止,他期待地看着佛陀,希望佛陀能够为他指点明路,帮他解决问题。

但是佛陀却说:"我没办法帮你忙。"

他很意外,连忙追问:"我认为你是伟大的老师,我以为你可以帮我。"

佛陀说:"每个人都有烦恼。事实上,凡是人都有八十三种烦恼。每一个人都是,而且这种烦恼也无可奈何。解决了一个问题,还会有下一个问题。你永远都有八十三种烦恼。譬如说,你会死。对你来说,那是烦恼,而且又逃避不了。你、我,任何人都无可奈何。我们每个人都有这样的烦恼,那是去除不了的。"

◎ 红尘中的幻象 ◎

他很生气，于是质问佛陀："那你说的那些法还有什么意义？"

"我说的这些法可能对你的第八十四种烦恼有帮助。"

他说："第八十四种烦恼？那是什么烦恼？"

佛陀说："你不想要有这八十三种烦恼。"

烦恼是风，人是草。小草柔软会弯腰，风再强也不会在草上留下痕迹，因此，风要来就来，欲去便去，如来如去，小草依然是小草。

◎ 红尘中的幻象 ◎

你以为"你"真的存在？

幻觉，让人生，也让人死。没有幻觉，没有妄想，没有期待，人就没有动力，更没有快感。

年轻时，我们拼命创造幻觉，年老时，才来一个个戳破自己种在脑子里的梦幻泡影。

很多人一辈子活在幻觉中，有些人明明知道却不敢醒过来，有些人则到死都还不知道自己原是梦中人。

无明，即道家所说的元神、心理学所说的潜意识中的阴影，潜藏在我们心灵最深处，是生命的原始力量和意志。它掌控了我们的生死，掌控了我们的恐惧和生命力。

◎ 红尘中的幻象 ◎

终其一生，我们都在无明的掌控下，为了某些特定的人事物，而失去理智地做出我们都不自觉的行为。

无明是业结的果。因为无明的掌控，我们会做出特定的行为，于是又造了新的业，种下了新的业力种子，等待日后来承受今日造业所形成的业障，然后，所有业力在死去的那一刹那，又结成无明。

如此循环不息，今世总结而成的业力，又成为下辈子的无明，继续在自己的业力轨道中，不停地造业，不停地受无明业力操控，做出不该做的行为。

同样一件事，发生在有些人身上，会唤起元神或阴影，也就是无明的出现，做出特定或不同于常人的反应，但是有些人则没有感觉。

同样一个刺激，有人会熟视无睹，有人则如临大敌或身心崩溃。

同样是情关，有人可以看破，有人则过不了，不是自杀就是杀人。

◎ 红尘中的幻象 ◎

同样是挫败,有人从此一蹶不振,有人则可以再爬起来,愈挫愈勇。

正如同样的父母和家庭背景,兄弟姐妹各自的人格却有所不同,那对父母的感应也就不同。这都是生命原始核心中,因无明业力不同所致。

无明的力量,令人毛骨悚然,令人无法想象,你明明知道不该生气,但就是控制不住;你明明知道不该那么说,但嘴巴就会脱离你的意识控制,不该说的话已经脱口而出。

你明明知道对某些事要看开,但内心深处就是有个结打不开;你明明知道不该恨某个人,但整个人就像被下了符咒,完全不受你的控制。

人生是苦,苦在很多关键时刻,我们都不能作主。

然而,人生最恐怖的不是苦,而是集。那是一种万箭穿心的状态,所有的苦,成千上万各种不同的苦,全部在同一个时间内集中在你身上,万箭穿心,任你有几

◎ 红尘中的幻象 ◎

只手也挡不住这些苦的无情集合。

人生是苦，苦在每次短暂欢聚背后，就要付出忍受更多被折磨的代价。

欢聚愈开心，背后的苦楚就愈大。有了心爱的人，就要面临分离的苦，愈心爱，分离时就愈心痛。万物都是假象幻有，山川星辰如此，更何况是四大因缘和合而成的血肉之躯。不是生离，就是死别，任你是钢铁意志般的英雄，也会柔肠寸断。

人生是苦，苦在明知身在苦海中，却又无法逃脱。苦在明知某个东西你不应该碰，却又戒不了。苦在你知道某个错不应该犯，却一错再错。

宛如吸了毒，也像深陷在泥沼中，你永远无法跳脱这个用无情业力密密麻麻织起来的世界。你没有改变游戏规则的权力，明知再玩下去毫无胜算，但你无路可走，硬着头皮也要玩到底。

看着心爱的人，心里知道大限来时，他或她也会僵

◎ 红尘中的幻象 ◎

硬腐化，尘归尘，土归土。看着自己的孩子，那无邪可爱的脸庞，沉入睡梦时是如此安详纯真，心里当然相信孩子会永远这么可爱。但孩子再可爱也是人，也是四大因缘的产物，总有一天也要化为一堆土，不论你看不看得到。每思及此，心里总是有说不出的感伤和悲痛。

再看看自己，想到自己，尽管自己再怎么逃避、再怎么不愿意，这具肉身，虽然蕴藏着深不可测的情感和意识，但有一天也会转眼成空，先腐烂再化成一堆白骨，最后连白骨也都化了，什么都没有。

这就是游戏规则。这个人间、这个宇宙的游戏，我们只是参与者，无法改变游戏规则。我们唯一能做的，就是好好地玩完这场游戏，不要有任何遗憾。

大街上人来人往，商店里，两个人为了十元钱争得面红耳赤。孰不知，过不了多久，最多不超过几十年，这两个人也会变成白骨一堆，不论谁争得了那十元钱，都要四大分解，消失无踪。

◎ 红尘中的幻象 ◎

到底，人这样活着，有什么意义？

人们忙碌了一生，为了生活或名利汲汲营营，总以为自己拥有很多，而且可以永远拥有下去。

然而，时限一到，身外物全带不走。那么，这样的人过了一生，从某个角度来看，真的很像是傻子在演戏，好像被老天爷戏弄了，到死还不自知。

某位老太太，年届八十，某天大限将至，却吵着要穿漂亮衣服要化妆，她说怕自己死了没有化妆不好看。

人，这种动物，临死前还要执著外表，还要在乎别人对自己的看法，这种执著就是最深的无明。

突然间我发现，死不是最恐怖的事，对人来说，失去了世间的名利或别人的肯定和关爱，才是身为人最害怕的事情！

万物皆空，万法也都是空。一切都只是条件下的暂时存有，不是永生不灭的，不是绝对存在的。

人生在世，一旦突然有了某种新病毒，或气候变

◎ 红尘中的幻象 ◎

化，空气不足，食物有问题，或心理失去平衡，这个生物就要死亡。于是分解成尘土，又回到宇宙的资源中。

因此，释迦牟尼佛要我们看透万物万法的本质，那就是空。

他要我们不执著于这些短暂存有的色相，要我们看透每个人最后都是一堆白骨，要我们五蕴皆空，不要受感官的欺骗，不要相信自己的想象和欲望，不要相信自我意识是真实存在的，如此就能度一切苦厄。

没有苦，再也没有苦。我们再也不会继续造业，从此切断了业力轨道的轮回，不再有无明，于是不再有痛苦的根源。

多么美、多么伟大的脱离轮回计划，但除非是专业修行者，除非能斩断这俗世如罗网般的游戏规则；否则，在我们活着的这段暂时存有时期，这些俗世的规则，就会缠着我们直到老死。

政治上的游戏规则，职场上的、金钱上的游戏规

◎ 红尘中的幻象 ◎

则，你的二十年房贷、欠银行的信用卡费，有收入就要缴税、身体不舒服就要到医院排队、违法就要上法庭受法律制裁……这密密麻麻的人生苦网，让我们无所遁逃，让我们没有自在的条件。

观自在菩萨，多么美的字，观心自在，忘了房贷、忘了卡债、忘了工作、忘了小孩子的学费，到底有多少在俗世挣扎的人可以如此自在？

就算一心念佛念到无我无心，但醒来回到现实时，这些让人无法自在的贷款债务和烦恼，全又涌上来，这种自在恐怕也只是暂时存有的假象。

照见五蕴皆空，就能度一切苦厄。那么，在房贷还没缴清、小孩子还没长大、信用卡还没剪掉之前，苦厄势必无法消除，因为五蕴无法空。

般若心经的无上智慧，要如何运用到这个现实浊世来呢？

整部般若心经，其实讲的是宇宙本质的道理。人的

◎ 红尘中的幻象 ◎

本质，苦的本质，万物万法形成的本质，宇宙存在核心的本质；这是一部范围很大，哲理很深的佛法原始码。

因为是核心本质，因此就像易经讲的阴阳一样，般若心经中所讲的法和道理，无所不在，但也让人看不到摸不着，一般人如何用来离苦自救？

般若心经所要求的出世修行，我们做不到，但只要懂得入世应用，就可让人产生超凡脱俗的智慧和洞见，消除不必要的执著，避灾解厄，不再犯同样的业力错误。就算不能完全离苦，至少也让苦少一半。

老实说，人所有的苦都来自于我们以为有个"自我"存在。所以，我们的感官和知觉，我们的欲望和想象，都可以来折磨这个"自我"。

这个对自我的执著，就等于是对万事万物，包括一切假象的执著。一旦有了执著，看到漂亮的东西就想要、想占有，看到讨厌的东西或人就想逃开。于是我们的心和身体，就好像人质一样，一直被"自我"这个恶

◎ 红尘中的幻象 ◎

徒绑架，搞得我们身心俱疲，只能活在恐惧不安中。

因此，万苦之源，说穿了都是我们的"自我"在作祟。

相对的，只要你能试着去想想你的自我是如何霸道和无知，试着把自我拿掉，随时保持觉知状态。苦即远离。

觉知什么？觉知你自己也是个假有，是暂时活在这世上的因缘聚合，觉知所有的人、所有的事物，也都是假有，那么，到底是谁在烦恼？谁在生气和计较？谁在不安和恐惧？

没有了"自我"这个"靶子"，烦恼贪婪这些枪手就不会对你开枪；相对的，如果你到现在还一直以为，你是存在的，你的"自我"是真实不虚的，是有尊严有地位的，那么，这个自我，就是构成你人生所有苦难的凶手。

◎ 红尘中的幻象 ◎

活着解脱，求人不如求己

佛印了元禅师与苏东坡，一起在郊外散步时，途中看到一座观世音菩萨的石像。

苏东坡问佛印禅师："观世音菩萨手上拿的是什么？"

佛印禅师回答说："念珠。"

苏东坡疑惑地问："菩萨是帮众生解决问题的，拿念珠做什么？"

佛印禅师回答说："念观世音菩萨。"

苏东坡不解地问："为何念自己？"

佛印禅师笑着回答："求人不如求己。"

◎ 红尘中的幻象 ◎

作为一个人，尤其是现代人，要如何才能活得没有恐惧、没有痛苦、没有空虚失落感？要如何才能在人世中让生命升级？在人世中活着解脱，而不是寻短逃避痛苦？

老实说，活着解脱，不是一件容易的事，释迦牟尼、老子、庄子和孔子，以及无数的各类修行者，都投入了一辈子的心力，来解这道生命难题，也都留下了不可思议的"智慧结晶"。

然而，一般人对于这些可以助人从痛苦恐惧中解脱的良药，似懂非懂，甚至斥之为怪力乱神，以至于社会失序，产生了两种极端现象：一种是唯物至上，极力追求科技经济及物质上的生活质量，完全否定了精神的重要性。一种是盲目信仰，为了抚平心中的不安和恐惧，迷信邪教或江湖术士的谬论，忽略了真正的解药其实是在自己内心的藏宝库中。

真正的智者，所有的修持必定来自正信和正念，也

◎　红尘中的幻象　◎

就是说必须有正确的认识和拥有正确的知识，才能开发出真正让人解脱的"智慧"。

活着解脱，不是这辈子就一定能完成的任务，却是正确的目标。只要努力奉行古圣先哲的智慧，至少可以让我们有"道"可循，不会脱离生命该走的轨道，迷失在无垠的宇宙黑暗中，更可以让我们不再活得恐惧、痛苦和茫然。

听许多朋友说，很多壮年及中年人士，不论男人或女人，不论事业是否有成，不论财富多寡，在经历了人世间种种磨难后，都会感到无依、不安和恐惧。人人都在问，要如何才能活得没有恐惧、没有痛苦、没有空虚失落？

这是目前许多人都在寻求的问题的答案，也是日后要一生奉行的功课。

讲到修行，我不排除自己会到深山中去和大自然合而为一，但我不建议人人都出家或遁隐山林去专事修

◎ 红尘中的幻象 ◎

行，因为，每个人一生都有太多的责任和义务要尽，这些责任和义务，是宇宙得以运行，人类得以生存进化的基础。

再者，也并不是每个人都适合苦修或隐居生活。

如果你没有真正看透世间的假象，如果你没有觉醒："原来，连我自己，包括我自己的心和意识都是假的。"你将无法时时念念保持觉知状态，就算去到深山苦行，也只是另一种形态的度假和逃避罢了！

谈到解脱，它是东方才有的独特人生观。

有人说，西方文明强调告解和祷告，把自己的痛苦和罪恶交给上帝或天神，借以消除心中的不安和空虚感。拥有这种信仰的人，心中必然有个超越人类层次的上帝或天神，人和神是不同的，人永远要臣服于神，人是神的子民，人永远不可能超越天神。

然而，在东方，很多哲人和智者，强调我们可以超越人类的困境和极限，我们可以成为神，可以从人类才

◎ 红尘中的幻象 ◎

有的痛苦不安中跳脱出来，不用每天或每个礼拜向天神告解，要求他赐予我们安心。

我们可以一次从痛苦和恐惧的桎梏中解脱出来，永远不用再依靠自己以外的对象，来让自己活得自在。

因此，释迦牟尼说，人人可以成佛；老子更直接地指出，所谓的万物之主，就是虚而无形却无所不在的"道"，只要自己的心念言行不离道，自然不会受痛苦和恐惧的折磨。

这样的人生观，是众多人向往的，也是大部分东方人一生的志业。

消除痛苦的方式有很多种，但我希望我们可以有一个比较符合"自然"和"人性"的药方。

就拿身体的病痛来说，如果你头痛，你可以吃止痛药，或涂抹药膏，也可以开刀把神经切断；但这些方法都只是止痛，等药效一过，头还是照样痛，或者变成其他部位痛，而且还可能每次都要增加药量。

◎ 红尘中的幻象 ◎

如果我们有知识，有智慧，知道这个头痛是来自脑部压力太大或是血压太高，然后对症下药或调整作息和生活方式。如此一来，头痛自会消除，而且是真正的消失，不是等止痛药过了，头痛又跑回来。

同样的道理，面对心灵的空虚和不安，有的人求神问卜，有的人到处拜拜烧香，有的人贴符吃药，更多的人用酒精和感官刺激来麻痹自己的心。

这些做法都能止痛，但毕竟止痛只是治标，而且副作用极大，如果日子久了愈陷愈深，那就万劫不复了。

同样是人，都会对人生感到无奈和彷徨，都会对世间的人情世故感到失望，也都会对死亡和失落感到恐惧。

这一切都是自然的，都是来自人的本性，也是我们无可避免的，因此，要如何让我们这一生活得有意义且自在，选对"消除痛苦不安"的药方，是很重要的人生课题。

◎ 红尘中的幻象 ◎

选对了正确的药方，不仅可以解决我们心中的苦痛，也可以增强我们的生命力和受挫能力，面对逆境可以处之泰然，遭遇打击可以从容以对。

这几年世事不安，经常可听见国家间战争、恐怖事件、家庭暴力、情侣互伤、跳楼自杀、奸商推出黑心商品……这种种违背道德人性和法律的悲惨新闻，这些偏离人性和自然的事件，其实都是人们的无知造成的。

当然，世人的慧根智力可以分为好几等。没有智慧的人，在走路时后脑忽然被人敲了一下，必然是先回头看看，到底是谁这么大胆？智性中等的人，遇到这种后脑被偷袭的情况时，则会先向前跳开几步，然后再回头看看到底是谁。然而，真正有智慧的人，一旦后脑被偷袭，根本连头也不想回，就会拼命地逃。都这个时候了，保命要紧，哪里还有时间去管是谁在敲你的头？如果是敲错了，那你回头也没用，跑就对了；如果人家没敲错，就是针对你而来的，那你干吗还不逃？

◎ 红尘中的幻象 ◎

同样的道理，人生在世所遭遇到的种种苦痛，其实，都只是很逼真的闹钟而已。

有智慧的人吃过一两次人生的苦，就会想到：现在的自己年轻、运势也还不错，人生就这么的苦，将来老了身体病痛更多、烦恼更多时，岂不等于活在地狱里？要离苦解脱，不趁现在赶快做功课，等到老死前才来拼命念经，顶多只是骗骗自己，根本骗不了佛和神。

同样是受苦，有智慧的人会想到以后，无知愚昧之人，却只想眼前如何打多一点麻醉针或止痛剂。喝酒、玩乐、刷卡、血拼，用一堆福报来买一点点眼前的快感，等于花一千万元来买一张一百元的假钞，这笔账到底怎么算的，我真的想不清楚。

有智慧的人，这世就要活着解脱，不要等到来世或几百年后才来离苦自在。

有智慧的人，深知要悟道解脱，求人不如求己。修行是个人的事，佛陀也帮不了你，佛说人人可以自性自

◎ 红尘中的幻象 ◎

度，意思是说自己要减肥或肚子饿了想吃东西，都要靠你自己去想办法，否则，你饿了，佛陀帮你吃再多东西，你还是饿。

活着解脱不难，人人都可以做得到，因为，那个属于你自己的解脱定义，只有你才知道。

很多人没读过书，不识字，更不会读佛经，但他们自己在生活中不停地修，突然一天，他们就悟到了很多真理，就解脱了。从此再没罣碍、不安和恐惧，每天笑嘻嘻地过生活。人家不用剃光头，也不用出家吃素拜佛，还是一样可以解脱。

解脱，是你自己的大事，和佛、寺庙、放生没有关系，千万不要想太多，如果你想太多，反而会离解脱之路愈来愈远。

◎ 红尘中的幻象 ◎

每天，都要觉醒地活着

想，睡个觉睡三十年，够久了吧！但再看看别人，竟然有人一睡就是五十几年。前几天，我遇到一位老婆婆，八十多岁了，还在"睡觉"。当人家说她年轻她就很开心，人家的嘴如果不够甜，没有像下人或奴隶般奉承她，她就大发雷霆。然后每天到处跟人家说她是千金大小姐，如何的尊贵，别人都是下贱人等等，说完老婆婆还会往地下吐一大口痰。

老实说，我这辈子还没看过这种会吐痰的尊贵千金大小姐。依我看，老婆婆这种我执即使到死前也不会觉悟，这一觉要睡到下辈子去了。

◎ 红尘中的幻象 ◎

觉醒是痛苦的，觉醒，是需要勇气的；当你不小心醒来，你用尽各种手段也无法再入睡，无法再回到原来的梦境中。

你唯一能做的，就是让自己愈来愈清醒，看透一切妄想、妄觉、妄念，看清楚一切都是幻象，并勇敢地承认，过去的自己是活在幻象世界中。

沙漠中的旅人之所以会死，不是因为太渴，而是看见了海市蜃楼。

当然了，一个人能否觉醒与慧根及因缘有很大的关系。

例如，你的命运中，注定了跟四个男人的恩怨，那是你的因果，因果还清后你看透一切假象，就可以醒过来了。然而你却不肯醒，因为，看清真相了解事实，没有了梦，没有了幻觉，是件残酷痛苦的事情。

就像秃头的大老板，为了遮掩头顶上没头发，戴上看起来就很假的假发。基于商场的礼貌，别人也不去戳

◎ 红尘中的幻象 ◎

破，他也就一直戴下去。很明显地，他一直活在自己的幻觉里。他不想醒过来，醒过来太痛苦了。

有些歌星或者名人也是如此，宁可活在自己的梦里，即使掌声不再，即使斗转星移，他们早已下台，他们还是不想醒来。

对菩萨来讲，真正的慈悲是让人了解事情的真相，而不是去呵护他，宠爱他。因为，菩萨知道，唯有从各种假象和幻象中觉醒，人才能真正地离苦解脱，再也没有痛苦，这才是真慈悲。

有位歌星的儿子，去参加歌唱节目，因歌艺太差被人批评，就得了忧郁症。

他的父母就是太溺爱孩子，一直保护他，其实，他唱歌并不好听，身边的人却赞美他，让他活在幻觉里，某天有一群人告诉了他事情的真相，他就崩溃了。

父母赞美他、呵护他、和他一起演戏，就是慈悲吗？慈悲是要告诉他真相啊！当然，这牵涉到因缘的问

◎ 红尘中的幻象 ◎

题，因缘未成熟，他还在睡梦中，你去敲他的头，硬是把他叫醒，他会疯掉、会崩溃。但是，当他睡过头、睡太多，你必须把他叫醒。

小孩子十几岁时自然活在梦中，这时候，他们的因缘和心性都未成熟，不妨让他们去经历做梦的滋味；然而，活到二十几或三十岁时，如果仍在梦中以假乱真，那肯定是很多悲剧的开始。

我有一位五十多岁的男性朋友，退休之后，不知道哪根筋忽然不对，竟跑去参加电视台的明星训练班，和年轻人一起学唱歌跳舞，他的穿着和发型也样样比照年轻人的样式。很显然地，他心中存有明星梦，老同学们也只能摇摇头，感觉他像一只硬要穿西装的猴子，跟年轻人一起跳舞，感觉很不协调。

当然，人老了也有追梦的权力，一把年纪还能有这样的自信，也算值得钦佩，但演艺圈是现实世界，他的明星梦当然是不了了之。

◎ 红尘中的幻象 ◎

有位女富豪，五六十岁左右，她的外号叫小甜甜，爱装可爱，头上绑着两个辫子，脸涂上厚厚的粉底，总是穿着娃娃装，要不然就是短裙配娃娃鞋，因为她有钱有势，没人敢戳破她，对她说：老板娘，你这样好难看喔！

我想，只有真正为她好的菩萨才会说吧！

孔子说，四十而不惑。人到了四十岁，经历过各种大风大浪，梦再美再逼真，也该醒了。正因为觉醒，所以能看透假象和幻觉，所以不惑。

因此，我认为，一个人最晚四十岁以后，应该要开始从自己的梦中醒过来。把很多残酷的事实看清楚，不再受迷惑，也不再迷惑自己，如此才能开始准备面对死亡，好好地把人生这场游戏演完。

从四十岁开始，每天，都要觉醒地活着，向佛陀看齐，向禅师看齐，像弘一法师一样，在三十九岁宣布不再玩红尘俗世的游戏，开始过修行的生活。从四十岁开始，让生命可以升华到该有的层次，而不是永远在玩幼

◎ 红尘中的幻象 ◎

儿园的家家酒，即使你已经老到可以成为阿公。

每天，都要觉醒，保持觉知地活着，这就是修行，就是解脱之道。

不用逼自己去念经拜佛像，不用逼自己去剃头，抛家弃子去深山里住不用钱的宿舍，不用逼自己吃素，更不用告诉人家你在学佛。

觉醒地活着，和佛陀及佛法没关系，和你自己的苦及恐惧有关系。佛法的背后意义是非常高深超凡的智慧，佛只是个代名词。只要你懂得其中的真义，不用佛法这个名词也没有关系，千万不要为了求解脱，反而又掉入佛法这个陷阱里。

修行，最重要的是修心，心无罣碍，无杂念，智慧自然就会像花一样，在你的潜意识最深处一朵朵绽放。

每天，都保持觉醒地活着吧！佛陀当初也是这样活着的。

◎ 红尘中的幻象 ◎